地下水の微生物汚染

Suresh D. Pillai 編
金子光美 監訳

Microbial Pathogens
Within Aquifers:
Principles and Protocols

技報堂出版

Suresh D. Pillai (Ed.)

Microbial Pathogens Within Aquifers: Principles and Protocols

Springer

Suresh D. Pillai, Ph.D.
Environmental Science Program
Texas A&M University Research Center
El Paso, Texas, U.S.A.

ISBN: 3-540-63891-1 Springer-Verlag Berlin Heidelberg New York
Environmental Intelligence Unit

Library of Congress Cataloging-in-Publication Data

Microbial pathogens within aquifers: principles and protocols /
[edited by] Suresh D. Pillai.
p. cm.—(Environmental intelligence unit)
Includes bibliographical references and index.
ISBN 1-57059-520-8 (alk. paper) – ISBN 3-540-63891-1 (alk. paper)
1. Groundwater – Microbiology. 2. Groundwater – Microbiology –
Laboratory manuals. I. Pillai, Suresh D., 1962-. II. Series.
QR.105.5.M527 1998
628.1'61—dc21   97-47086
                                                                              CIP

This work is subject to copyright. All rights are reserved, whether the whole or part of the material is concerned, specifically the rights of translation, reprinting, reuse of illustrations, recitation, broadcasting, reproduction on microfilm or in any other way, and storage in data banks. Duplication of this publication or parts thereof is permitted only under the provisions of the German Copyright Law of September 9, 1965, in its current version, and permission for use must always be obtained from Springer-Verlag. Violations are liable for prosecution under the German Copyright Law.

© Springer-Verlag Berlin Heidelberg and Landes Bioscience Georgetown, TX, U.S.A. 1998
Printed in Germany

The use of general descriptive names, registered names, trademarks, etc. in this publication does not imply, even in the absence of a specific statement, that such names are exempt from the relevant protective laws and regulations and therefore free for general use.

Product liability: The publisher cannot guarantee the accuracy of any information about dosage and application thereof contained in this book. In every individual case the user must check such information by consulting the relevant literature.

Typesetting: Landes Bioscience Georgetown, TX, U.S.A.

SPIN 10640373   31/311 – 5 4 3 2 1 0 – Printed on acid-free paper

Japanese translation rights arranged
with Springer-Verlag GmbH & Co. KG, Heidelberg
through Tuttle-Mori Agency, Inc., Tokyo

監訳者……金子光美　摂南大学大学院工学研究科

翻訳者……金子光美　前掲［序文，第8章］
　　　　　土佐光司　金沢工業大学工学部環境システム工学科［第6章］
　　　　　中島　淳　立命館大学理工学部環境システム工学科［第2章］
　　　　　保坂三継　東京都立衛生研究所環境保健部水質研究科［第3章，第5章，第9章，第2・3・4・5・6章の付録］
　　　　　八木俊策　摂南大学大学院工学研究科［第1章，第7章］
　　　　　矢野一好　東京都立衛生研究所環境保健部水質研究科［第4章］

（五十音順，［　］は翻訳担当箇所を示す）

EDITOR

Suresh D. Pillai, Ph.D.
Assistant Professor of Environmental Microbiology
Environmental Science Program
Texas A&M University Research Center
El Paso, Texas, U.S.A.
Chapters 2, 9

CONTRIBUTORS

Morteza Abbaszadegan, Ph.D.
Research Microbiologist
American Water Works Co., Inc.,
  Research Laboratory
Belleville, Illinois, U.S.A.
Chapters 4, 5

Mark D. Burr, Ph.D.
Post Doctoral Research Associate
Center for Biofilm Engineering
Montana State University
Bozeman, Montana, U.S.A.
Chapter 6

M. Yavuz Corapcioglu, Ph.D.
A.P. and Florence Wiley Professor
Department of Civil Engineering
Texas A&M University
College Station, Texas, U.S.A.
Chapter 7

Scot E. Dowd, M.S.
Graduate Research Associate
Department of Soil, Water and
  Environmental Science
University of Arizona
Tucson, Arizona, U.S.A.
Chapters 2, 4

John J. Mathewson, Ph.D.
Assistant Professor
The University of Texas Medical
  School and School of Public
  Health
Houston, Texas, U.S.A.
Chapter 3

Larry D. McKay, Ph.D.
Assistant Professor
Department of Geological Sciences
University of Tennessee
Knoxville, Tennessee, U.S.A.
Chapter 1

Ian L. Pepper, Ph.D.
Professor
Department of Soil, Water and
  Environmental Science
University of Arizona
Tucson, Arizona, U.S.A.
Chapter 6

Joan B. Rose, Ph.D.
Professor
Department of Marine Sciences
University of South Florida
St. Petersburg, Florida, U.S.A.
Chapter 8

Sookyun Wang, M.S.
Graduate Research Assistant
Department of Civil Engineering
Texas A&M University
College Station, Texas, U.S.A.
Chapter 7

Marylynn V. Yates, Ph.D.
Associate Professor
Department of Soil and
  Environmental Sciences
University of California
Riverside, California, U.S.A.
Chapter 8

序　文

　飲料水の微生物汚染は世界的に重大な関心事である．世界の先進国および発展途上国では，多くの人間活動と自然現象を通して，地下水を細菌，ウイルス，原虫などの病原微生物によって汚染している．アフリカ，アジア，ラテンアメリカだけで，年間およそ50億人が水系感染症にかかっていると推定されている．人口と飲料水需要の増加に伴い地下水資源を効果的に管理することが緊急課題である．米国だけで約1億人が飲料水源として地下水に頼っている．地下水資源の汚染の確認と効果的な地下水管理計画の策定のためには，病原体検出技術と地下水脈の流れ・病原体の移送を支配する微生物的および水理的原理に関する情報が必要である．

　本書は，水中の病原微生物に興味をもつ環境専門家と学生のための参考書あるいは教科書として役立つように企画したものである．この本は，水文地質学的原理，地下水採取手段，病原体検出方法，分離細菌の遺伝子的同定法，微生物の地中移動論および微生物リスクアセスメントを一冊にまとめた特色あるものであり，教科書と実験マニュアルの両者の内容が混在するという特色がある．理論的原理を詳細に展開するとともに，サンプリングと検出の方法を詳細に述べ，付録には各方法に必要な器械・器具を記載した．このように，水中の病原微生物汚染が関係するすべての関連分野を包含した環境微生物学の性格をもつものである．

　本書出版にあたりご協力下さった執筆者にお礼申し上げます．私の所属するテキサスA＆M大学農学実験所と，Landes BioscienceのMaureen Jablinske女史の心温まる支援に謝意を表します．また，各章間の調整と整合など編集作業に多くの時間をお割き下さったLorelei Ortiz女史に心よりお礼申し上げる次第です．

1997年10月

Suresh D. Pillai

翻訳にあたって

　汚染物質の地下における挙動は目に見えないためか，表流水に比してよくわかっていない．研究しにくいこともあるが，物質の移動に時間がかかるため，実験的研究がやりにくいことも関係していると思われる．研究者の評価に研究論文の数がものをいうことから，時間がかかる研究は敬遠されがちである．

　このような事情からか，病原体を含む微生物の地下水中の挙動に関する研究は少なく，わが国に至っては皆無といってよい．一方で，わが国で水系感染症の流行がなくなったわけではなく，現在でもときどき起きている．その多くは地下水を水源とする小規模水道や井戸水を利用している場合である．地下水ではないが，表流水が自然的あるいは人工的に土中を浸透した伏流水を含めればさらに多い．

　水道や災害緊急用などに地下水を飲用として利用する機会は多い．地下における微生物の挙動を調べることは感染症対策を考えるうえで重要な情報を提供してくれる．そのためには，それを調べる方法を熟知していなければならない．地下水試料採取は地下水調査固有の領域を含む．本書ではこれらについて教科書的に詳しく述べている．

　検査技術は日進月歩であり，本書の内容よりすでに進んでいるところもあるが，地下帯水層における病原体の挙動と地下水検査に対処する基本的考え方など地下水独特の問題については普遍的に参考になる．

　衛生的安全性の要求がますます高まるなかで，地下水の病原体対策は欠かせないものとして，地下水中の病原体に関する研究が発展することが求められる．そのため，地下水と病原体の関係に関する書物は見あたらないなかで，原書は大変参考になるものであり，翻訳書が出版されることはわが国の環境工学や公衆衛生を学ぶ学生と研究者の参考になると確信する．

　本書の表題は，原文を直訳すれば「帯水層中の病原体」である．帯水層のなかを複雑に病原体は移動するのであるが，初心者には「帯水層」という用語に馴染

みがないと思われることを考慮して，表題は直観的に広く受けとめてもらいやすい「地下水」とした．本文中でも帯水層と訳したほうが現象に合致する場合と，地下水と訳したほうが理解されやすい場合とがあり，適宜使い分けた．また，原書では付録（Appendix）が最終章の後にまとめて書いてあるが，それは各章ごとの記述であるので，この訳本ではそれぞれを各章の最後に付録として挿入した．そのほか，用語や訳などに関し不適切なところがあればすべて監訳者の責任である．

　最後に，翻訳にご協力いただいた方々と，本書の刊行を引き受けて下さった技報堂出版，特に企画，校正，出版に多大な労をとられた小巻慎，宮本佳世子両氏には深く感謝申し上げる．

2000年4月

金 子 光 美

目　　次

序文
翻訳にあたって

第1章　水文地質学と地下水汚染

　1.1　飽和帯の地下水流動···2
　　　（1）　空隙率と透水係数···2
　　　（2）　ダルシーの法則···4
　　　（3）　流速···5
　1.2　不飽和帯の地下水流動···6
　　　（1）　物理的原則···6
　　　（2）　地下水面および宙水面の深さ··························7
　1.3　地下水の流動システム···9
　　　（1）　帯水層と不透水層···9
　　　（2）　水文循環···10
　　　（3）　流線網と流動モデル·····································12
　1.4　自然界の地下水水質··14
　　　（1）　不飽和帯···14
　　　（2）　飽和帯···15
　1.5　地下水汚染と微生物移動··16

第2章　微生物試験における地下水サンプリング法

　2.1　観測井の掘削··24
　2.2　井戸の仕上げ··25

目　次

　2.3　井戸洗浄 ……………………………………27
　2.4　地下水のサンプリング ……………………28
　　　（1）　汲み取り採水器 ……………………28
　　　（2）　グラブ採水器 ………………………29
　　　（3）　着座式ポンプ ………………………30
　　　（4）　容積型ポンプ ………………………30
　2.5　細菌測定のためのサンプリングプロトコル ………31
　2.6　既存の装置からのサンプリング ……………32
　2.7　特殊なサンプリング法 ………………………33
　2.8　腸管系ウイルスのサンプリング ……………34
　2.9　原虫のサンプリング …………………………35
　付録 ……………………………………………………37

第3章　病原細菌の検出

　3.1　水試料からの病原細菌の検出法 ……………40
　3.2　指標細菌の定量試験 …………………………41
　　　（1）　大腸菌群 ……………………………42
　　　（2）　大腸菌群の確認 ……………………43
　　　（3）　糞便性大腸菌群 ……………………44
　　　（4）　大腸菌 ………………………………45
　　　（5）　糞便性連鎖球菌 ……………………46
　3.3　水試料中の病原細菌の直接検出法 …………46
　　　（1）　サルモネラと赤痢菌 ………………47
　　　（2）　下痢原性大腸菌 ……………………49
　　　（3）　コレラ菌 ……………………………50
　　　（4）　カンピロバクター　ジェジュニ ……51
　付録 ……………………………………………………52

第 4 章　エンテロウイルスおよびバクテリオファージの検出

4.1　腸管系ウイルスの検出 …………………………………56
　　（1）　検体処理 ……………………………………………57
　　（2）　細胞培養法 …………………………………………58
4.2　バクテリオファージの検出 ……………………………59
　　（1）　直接寒天重層法 ……………………………………59
　　（2）　メンブランフィルター法の手順 …………………61
4.3　RT-PCR 法によるエンテロウイルスの検出 …………61
　　（1）　試料の精製 …………………………………………62
　　（2）　RT-PCR プロトコル ………………………………62
4.4　細胞培養法と分子生物学的手法の比較 ………………63
付録 …………………………………………………………………66

第 5 章　ジアルジアシストとクリプトスポリジウムオーシストの検出

5.1　試料の採取と処理 ………………………………………70
5.2　免疫蛍光抗体（IFA）法 ………………………………71
　　（1）　直接蛍光抗体法 ……………………………………72
　　（2）　間接蛍光抗体法 ……………………………………73
　　（3）　検鏡 …………………………………………………73
　　（4）　精度管理 ……………………………………………74
付録 …………………………………………………………………76

第 6 章　DNA フィンガープリンティングによる細菌の分類

6.1　鋳型 DNA の調製 ………………………………………78
　　（1）　全細胞の溶解物の調製 ……………………………78
　　（2）　ゲノム DNA の抽出 ………………………………79

目次

- 6.2 PCR 増幅により得られる DNA フィンガープリント …………81
  - (1) ERIC-PCR …………82
  - (2) AP-PCR …………84
- 6.3 PCR-RFLP 解析により得られる DNA フィンガープリント …………85
- 6.4 直接 RFLP 解析により得られる DNA フィンガープリント …………87
  - (1) RFLP 解析用の遺伝子プローブ …………90
  - (2) DNA ハイブリダイゼーションおよび検出 …………90
- 6.5 フィンガープリントパターンの解析 …………90
- 付録 …………93

第7章 地下水における微生物移動のモデル化

- 7.1 微生物に関する一般的な移動方程式 …………96
- 7.2 微生物の消長と移動に影響する現象 …………97
  - (1) 移流 …………97
  - (2) 分散 …………97
  - (3) 吸着と脱着 …………98
  - (4) 平衡モデル …………98
  - (5) 動力学モデル …………100
  - (6) その他のアプローチ …………101
  - (7) 増殖と減衰 …………103
  - (8) 運動性と走行性 …………105
- 7.3 利用可能な微生物移動モデル …………107

第8章 微生物リスクアセスメントの地下水への適用

- 8.1 公衆衛生上のリスクに関係する地下水中の微生物 …………112

　　　　　（1）ヒトに感染するウイルス………………………113
　　　　　（2）最近確認されたクリプトスポリジウムとジアルジ
　　　　　　　アが関係するリスク……………………………114
　　8.2　用量―反応（dose-response）のモデル化　………116
　　8.3　暴露評価………………………………………………117
　　　　　（1）病原体の直接のモニタリング………………117
　　　　　（2）ウイルス暴露のモデル化……………………119
　　8.4　リスクの特性…………………………………………123

第9章　地下微生物学の将来展望

　　9.1　地下試料採取技術……………………………………130
　　9.2　微生物検出方法………………………………………130
　　9.3　地下における微生物活性……………………………132
　　9.4　地下水中の病原微生物………………………………132

　索引………………………………………………………………137

第1章
水文地質学と地下水汚染

Larry D. McKay

　地球表面上のいかなる場所であっても，そこが活火山帯でない限り，地下数m～数千mまで井戸を掘っていくと，必ず地下水（groundwater）が流入してくるだろう．井戸へ流入してくる水量は，砂や石の性状によって異なり，ほんのわずかな場合もあれば，日量何百万リットルということもある．またその水質は，雨水に近い場合もあれば，塩分を含む海水のような場合もありさまざまである．そして，多くの地域において，地下数百m以下の比較的浅い帯水層（aquifers）から淡水地下水を汲み上げて利用している．特に農村や郊外地域において，地下水は生活用水や農業用水，工業用水のための貴重な水源となっている．米国では公共用水の約40%が地下水から供給されており，個人的水源（多くは農村部）の利用者の場合，約98%以上が地下水に依存している（Solley et al.[1]）．さらにいくつかの国々において，地下水はもっと大切な役割を果たしている．例えば，デンマークの場合，飲料水の約98%が地下水である（Czakó[2]）．

　このように，淡水地下水が重要であるにもかかわらず，その分布や移動，汚染に関してはあまり知られていない．多くの人々にとって，この問題にはどことなく謎めいた感じが伴うのである．そのように感じる理由はおそらく，地下水の分布や移動が，地表面下のさまざまな地質学的条件の影響を強く受けているためであろう．そして，この地質学的条件というのは，地表での観察や限られた数の井戸，あるいは間接的な地球物理学的測定から推定する以外に，知る術がないのである．経験を積んだ技術者でさえ，新たな井戸の場所を選定する際に，水文地質学的原理を無視して，魔法的方法を好んで用いてきた．一方，地下水の汚染もまた，十分に解明されていない．最近まで，多くの人が地下水は汚染されていない

と考えてきた．それが泉から湧き出ている場合にはなおさらである．一般的に地下水は，湖水や河川水よりもはるかに汚染されにくい．それは帯水層を構成している材料が，さまざまな汚染物質を少なくとも部分的に除去したり分解したりする能力をもっているからである．さらにある種の帯水層は，粘土や泥板岩のような透水性の低い層に覆われているので，地表面の汚染から保護されている．ところが，1970年代以降，農業や工業による地下水汚染に関して多くのレポートが発表され，地下水の水質や信頼性に対する人々の認識は大きく変化した．しかし，実際はどうかといえば，米国の地下水のほとんどは，いまのところまだそれほど汚染されていないのである．ただし，地下の浅いところに位置している粒状質帯水層やカルスト地域の石灰質帯水層などは，層内の割れ目や溝の部分で水流が速くなるので，当然のことながら汚染の影響は避け難い．

　本章では主として，地下水の流動や汚染物質の移動に影響を与える物理的要因について述べる．これらの概念の基本を理解しておくことによって，微生物群集の同定とか，微生物による帯水層汚染の検出やモニタリングが容易になるであろう．さらに，観測井の適切な設計や位置選定およびサンプリング手順とともに，微生物汚染を受けやすい地表面下の環境特性についても述べる．

1.1　飽和帯の地下水流動

（1）　空隙率と透水係数

　地下水は地中にある土粒子間の空隙，裂け目あるいは溶解してできた空洞を通って移動する（図1.1）．砂や小石のような流動性粒状材料の場合，空隙の大きさは土粒子径の分布に関係する．一方，多くのタイプの岩石や粘土質からなる非流動的な堆積物内部では，粒子間の空隙は極めて小さく，ほとんどの流れは割れ目や溶解してできた溝を通る．土の空隙率 n は全体積に占める空隙（土粒子の間隙，割れ目，溝など）の体積の割合として定義される．空隙率は帯水層の保水能に影響を与えるが，直接的に通水能を支配することはない．

　地中の透水係数（hydraulic conductivity）K は空隙内の水の流れやすさを表し，空隙の大きさや相互連結の度合いによって決まる．もちろん水の粘性や密度も関係するが，ほとんどの淡水地下水の場合，それらはほぼ一定である．透水係

1.1　飽和帯の地下水流動

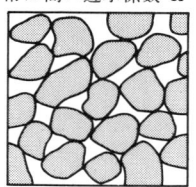

均等配列の砂利，非常に高い透水係数 K

高い空隙率

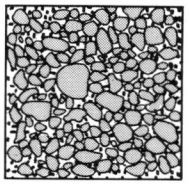

不均等配列の砂と砂利，中間的な透水係数 K

中間的空隙率

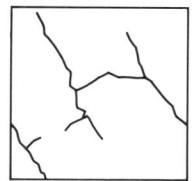

まばらに割れ目のある花崗岩，低い透水係数 K

低い空隙率

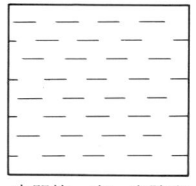

風化していない海粘土，非常に低い透水係数 K

中間的‐高い空隙率

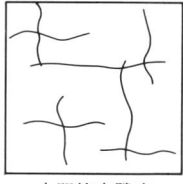

割れ目のある氷河性粘土，低い‐中間的な透水係数 K

中間的空隙率

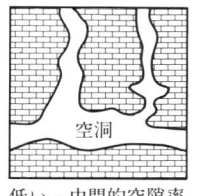

カルスト性石灰石，非常に高い透水係数 K

低い‐中間的空隙率

図 1.1　空隙の構造．さまざまな地質材料の空隙率 (n) と透水係数 (K)

表 1.1　地質材料の代表的な透水係数の値

材料*1	透水係数*2 K (m/s)
固まっていない堆積物	
砂利	$10^{-3} \sim 1$
砂	$10^{-6} \sim 10^{-2}$
シルト	$10^{-9} \sim 10^{-5}$
粘土(割れ目なし)	$10^{-12} \sim 10^{-9}$
粘土(割れ目あり)	$10^{-10} \sim 10^{-6}$
岩石	
カルスト性石灰石	$10^{-6} \sim 1$
砂岩	$10^{-10} \sim 10^{-5}$
泥板岩，頁岩	$10^{-13} \sim 10^{-7}$
火山性玄武岩(割れ目あり)	$10^{-4} \sim 10^{-1}$
花崗岩(割れ目なし)	$10^{-13} \sim 10^{-10}$
花崗岩(割れ目あり)	$10^{-8} \sim 10^{-4}$

(注)　*1　帯水層 ($K > 10^{-5}$ m/s)，不透水層 ($K < 10^{-8}$ m/s)，低採水性帯水層/漏水性不透水層 (K は帯水層と不透水層の中間の値)

　　　*2　1 m/s = 2.1×10^6 gal/日/ft

数の次元は［長さ/時間］であり，よく使われる単位は m/s や gal/日/ft² である．透水係数の値は地質を構成する材料によってオーダーが異なり，より大きな値は流れに対する抵抗が小さいことを示している（表1.1）．透水係数（permeability）k は透水係数 K に似ているが，それは土や岩石などの材料に固有の値であって，そこを流れる流体の種類には関係しない．透水係数 k は石油工業で広く使われ，［長さ²］の次元をもち，ダルシーや m² の単位で表される．1 ダルシーは約 10^{-12} m² である（Freeze and Cherry[3]）（訳者注：K, k はいずれも表し方を変えた透水係数（浸透係数ともいう）であり，両者の関係は $K = k(\rho g/\mu)$ である．ただし，ρ, μ はそれぞれ流体の密度，粘性係数であり，g は重力加速度の大きさである）．

（2） ダルシーの法則（Darcy's Law）

飽和した地中の地下水の流れは，次に示すダルシーの法則で表される．

$$q = -K\frac{\Delta h}{\Delta x} \tag{1}$$

ここに，q＝比流量（specific discharge），または単位面積当りの流量（m³/m²/s あるいは m/s），K＝透水係数（m/s），$\Delta h/\Delta x$＝動水勾配（hydraulic gradient）または推進力（無次元）．

動水勾配は流れの経路に沿った2点間のピエゾ水頭（hydraulic head）の差（Δh）を，その間の距離（Δx）で割ったものであり，水のポテンシャルエネルギーの変化を表している．帯水層内のある点での h は次式で表せる．

$$h = z + \Psi \tag{2}$$

ここに，z は基準面からの高さ，Ψ は圧力水頭（pressure head）または水柱の高さで表した水圧である．実際的な意味として，h は井戸やピエゾメーターの水面高さである．また，Ψ は井戸内部の水面と井戸の底（帯水層への開口部）との距離である（図1.2）．

地下水はピエゾ水頭の高いところから低いところへ流れる．したがって，井戸やピエゾメーターの水面の高さは，野外調査において，地下水流の方向を求めるために用いることができる（図1.2）．

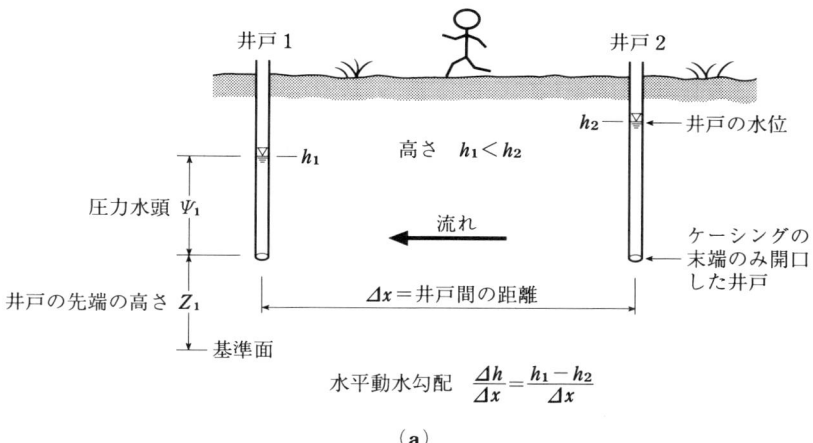

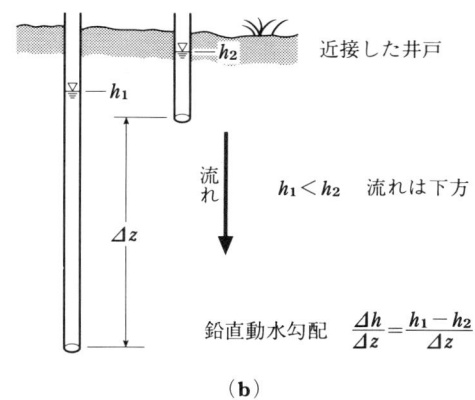

図1.2 井戸やピエゾメーターを使用して,流向や動水勾配を求める

(3) 流　　速

　井戸やピエゾメーターを使った揚水または注水試験によって,帯水層の透水係数 K を求めることができる（Freeze and Cherry[3]）。したがって,動水勾配を測定すれば,式(3)により,地下水の平均流速 v および非反応性汚染物質（分解・付着・吸着しない物質）の平均移動速度 v を推定することができる．

$$v = \frac{q}{n_e} \tag{3}$$

ここに，q は式(1)のダルシーの法則から求められる比流量であり，n_e は有効空隙率（effective porosity）である．砂や小石の帯水層の場合，有効空隙率は総空隙率（total porosity）に等しい．しかし，破砕性またはカルスト性の帯水層では，ほとんどの水は割れ目や溝を通って流れるので，有効空隙率は総空隙率よりもずっと小さな値となる．固められていない砂粒状の帯水層では，有効空隙率の値は 0.2〜0.4 の範囲であり，破砕性またはカルスト性の帯水層の場合はもっと小さくて，ほぼ 0.01〜0.00001 の範囲となる．したがって，透水係数と動水勾配が同じ場合，カルスト性のような帯水層における平均流速や汚染物質の移動速度は砂粒状の帯水層よりもはるかに速くなる．実際上，水理的特性の測定に基づく移動速度の推定には不確かさが伴う．破砕性やカルスト性の場合は特に不確かである．しかし，このような水理的測定は，砂や小石からなる帯水層での移動速度を推定するための第一歩として有用である．砂や小石からなる多くの帯水層の場合，揚水などのない自然状態における地下水流速は，1日当り数 cm〜数十 cm のオーダーである．一方，破砕性あるいはカルスト性の帯水層の場合，その流速は1日当り数 m〜何百 m にもなる．

1.2 不飽和帯の地下水流動

（1） 物理的原則

地下水面の上部や部分的飽和帯ともいわれる不飽和帯は，地表面から地下水面（water table）までの間の領域を指す．地下水面では間隙水の圧力水頭 Ψ はゼロ（大気圧）である．実際上，地下水面は部分的飽和と完全飽和の遷移域であり，その深さより下方において，地下水は容易に井戸の中へ流れ込む．不飽和帯の土粒子の間隙には空気と水が含まれており，図 1.3 に示すように圧力水頭 Ψ は負となる．地下水面より上部での地下水の流れは，基本的には鉛直方向である．すなわち，降雨時に雨水は鉛直下方へ浸透し，それに比べて量的には少ないが，晴天時に地下水は蒸発散により飽和帯から上方へ移動する．地下水面より上部での含水率（θ）分布は，季節的あるいは降雨によって大きく変化する（図

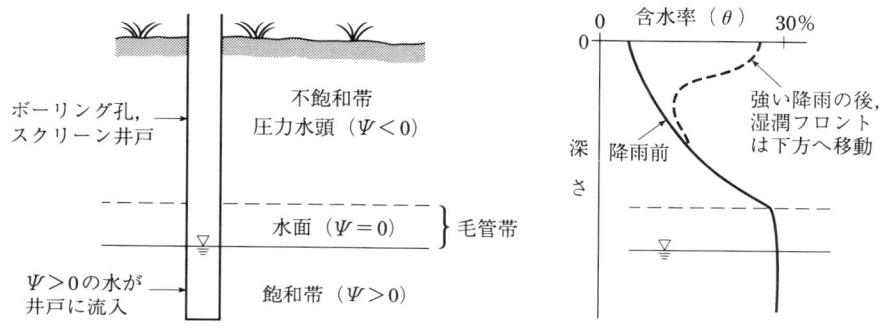

図 1.3　不飽和帯における圧力水頭（Ψ）と含水率（θ）の分布

1.3)．そこでの地下水の流れはダルシーの法則に支配されるが，透水係数 $K(\theta)$ は含水率（θ）によって異なる．θ の値が小さくなると，K は急激に低下する．土砂が完全飽和に近づくにつれて，透水係数 $K(\theta)$ は飽和状態の透水係数 K に近づく．$K(\theta)$ が非線形であるために，不飽和帯での流量や汚染物質移動量を量的に予測するのは，飽和帯での場合よりもはるかに難しい．不飽和帯の土砂は，もともと空気で充たされていたのだから，実質的に水を溜める容量をもっている．乾燥期においては，短時間の弱い降雨による浸透水はほとんど地中の表層付近に溜まり，地下水面にまで達する量はごくわずかである．多くの地域で地下水面まで浸透水が達するのは降雨の季節であり，それによって下方への流量や地下水面の位置が大きく変化する．その結果，不飽和帯ではこのような雨期に，汚染物質が下方へ移動するポテンシャルがかなり高くなる．デンマークのような地域では，雨期に化学肥料や農薬を農地に使用する際の規則がある．これらの規則は表面流出水や地下帯水層の汚染を減らすために定められている．

（2）　地下水面および宙水面の深さ

　地下水面までの深さ，すなわち不飽和帯の厚みは 1 m 以内のこともあれば，何百 m のこともある．それは基本的には降雨量，地中の土砂の透水係数，地形，地表の植生によって決まる．一般的に，フロリダのような湿潤な低地や湖沼・河川の近くでは，地下水面は浅くなり，数 m あるいはそれ以下となる．また起伏

の多い地域では，地下水面はその地形に従って，高地では深くなり，谷では浅くなる．例えば，氷河性粘土や泥板岩といった透水係数の小さい堆積物のところでは，地下水面は地表付近となる．このような堆積物中では井戸やくぼみへの地下水の浸出が極めて遅いので，そのことがしばしば見逃されることもある．地下水面の位置は，浸透や蒸発散あるいは地下水面下の流動などによって，季節的に変動する．砂粒状の堆積物の場合，季節的に数十cm〜1m程度変化することは普通である．しかし，細粒子堆積物やカルスト性材料の場合，保水能が低いので，季節によって何mも変動する．カルスト地域の特徴である石灰質の洞窟では，たった一度の降雨によって地下水面が数mも突然上昇することが観測されている．ときには，洞窟探検者がこのような洪水によって溺れたこともある．

　宙水または棲止水（perched water）と呼ばれる一時的に飽和した土砂の領域が，不飽和帯の内部に形成されることがある．特に低透水係数の粘土層をもつような堆積物中に見られる．このような宙水域は極めて移ろいやすく，数時間の強い降雨の間に発生したり消滅したりすることもあれば，何年間も持続することもある．宙水域は下方への水の浸透を阻止したり，もし十分な地形的起伏があれば高速の水平流を生じさせたりするので，地下水の涵養や汚染物質の移動に大きく影響する．このような例は，テネシー州東部の風化した泥板岩の調査において観測された．Wilson et al.[4]やSolomon et al.[5]の調査によると，浸透の90％が地中の上部2m以内にとどまり，それから急峻な斜面を素早く流れ下って，近くの泉や河川に流入していたのである．浸透水のほとんどが地下7〜8mにある地下水面に決して到達することはなかった．このような状況下で「永久的な」地下水面の下に観測井を設けた場合，ほとんどの流れが観測井をバイパスしてしまい，地下の浅いところの汚染を検出することはできない．

　不飽和帯での地下水のサンプリングには，さまざまな問題が関連している．まず流量や地下水面までの距離に大きな変動があること，宙水が途中に存在する場合があること，そして部分的飽和条件下では通常の観測井に地下水が流入してこないことなどである．不飽和帯からのサンプリングには，吸引型ライシメーター（lysimeter）などの特殊な方法が用いられる．これは間隙水を井戸のところまで吸い出す方法である．あるいは土の柱状サンプルから間隙水を取り出す方法もある（Ballesteros et al.[6]）．しかし，これらの方法を用いたとしても，この領域で

1.3 地下水の流動システム

(1) 帯水層と不透水層

　井戸から地下水を汲み上げやすいかどうかで，飽和帯は帯水層と不透水層に分類される（表1.1）．一般的に帯水層からは，地下水を容易に揚水できる．実際には，地域や気候やそこでの水需要の緊急性などによって，帯水層の定義は異なっている．また，広域的には帯水層とされている領域が，部分的には低透水係数領域を含んでいることもある（あるいは不透水層に高透水係数の領域が含まれることもある）．一般的に，不透水層は汚染物質移動の障壁となることが期待されているけれども，それは必ずしも正しくない．例えば，総括的な透水係数の小さい粘土層の場合，その層を通過する総水量は少ないが，所々にある割れ目を地下水や汚染物質が高速で通過することがある．たとえ低濃度でも多くの汚染物質は有害であるので，単位時間当りの通過量が少なくても，この高速の移動は問題を引き起こす．

　帯水層はさらに被圧（confined）と不圧（unconfined）とに分類される（図1.4）．不圧帯水層は地質的にはかなり高い透水係数をもち，地下水面が飽和流動システムの上部境界となっている．地質や不飽和帯の厚みに応じて異なるが，不圧帯水層は地表面からの汚染，例えばごみ埋立地，腐敗状の土地，あるいは殺虫剤や肥料散布などによる汚染を受けやすい．被圧地下水は飽和した低透水性の粘土層や泥板岩層に覆われている．被圧地下水の場合，帯水層に設置した井戸やピエゾメーターの水位をピエゾ水面（potentiometric surface）という（図1.4）．もし帯水層のピエゾ水面が地表面より上部にあるならば，揚水しなくても帯水層にある井戸から水が流れ出す（自噴井）．この状況では，不透水層を通る流れは上向きであり，汚染物質が下方へ移動することはほとんどない．図1.4に示すように，被圧地下水のピエゾ水面が地下水面より下にある場合，不透水層を通る下向きの流れが生じるので，汚染物質が下方へ移動する可能性がある．被圧地下水が汚染されるリスクは比較的低いが，不透水層に割れ目がある場合や漏れのある

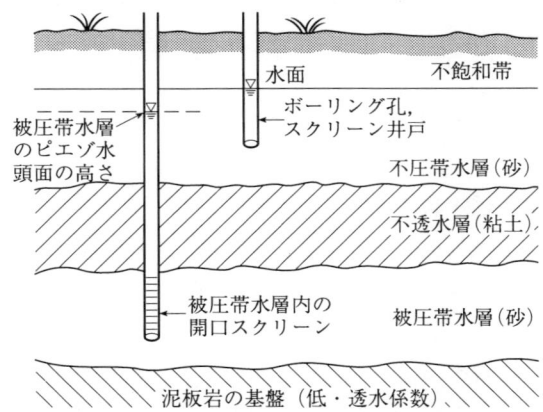

図 1.4 被圧・不圧帯水層．この図の場合，被圧帯水層のピエゾ水頭高さは，不圧帯水層の水面より低いので，不透水層内には超低速の流れが下方に生じる

井戸がある場合には汚染されることもある．かつて石油の採掘場所であったところでは大きな問題となりうる．クリーニング用の液体，産業用溶剤，殺虫剤用基材などといった高濃度の非混合性流体（immiscible fluid）である注目すべき汚染物質が不透水層の小さな割れ目を貫流し，ときにはその下にある帯水層に沈殿することもある（Kueper and McWhorter[7]）．

（2） 水 文 循 環

氷河や氷帽（訳者注：山頂などをおおう万年雪）を除けば，地下水は地球上の淡水の約 95％を占めており，水文循環の重要な部分となっている（Freeze and Cherry[3]）．降雨は高地地域で土壌や岩に浸透し，帯水層や不透水層を移動し，やがて低地地域で湖沼や河川，湿地あるいは海へ流れ込む．流動システムの特性は，透水係数の場所的変化，降雨量，地形，植生といった因子に強く影響される．非常に大きなスケールでは，個々の帯水層と不透水層の区別はそれほど重要ではなく，流動は平均的な性質により強く支配される．地下水流動の物理的スケールは，数百 m あるいはそれ以下から何百 km にまで及ぶので，水文地質学者は流動システムを局所（local），中間（intermediate），地域（regional）スケー

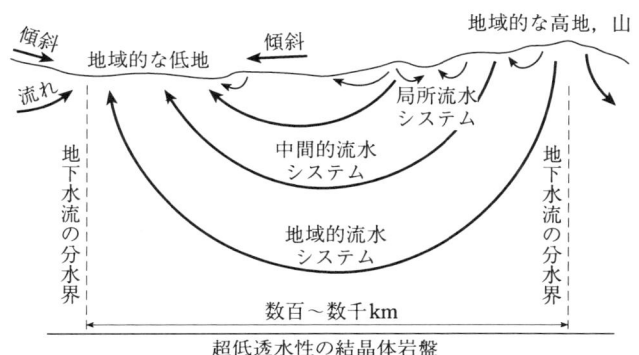

(a) 局所, 中間, 地域流水システム

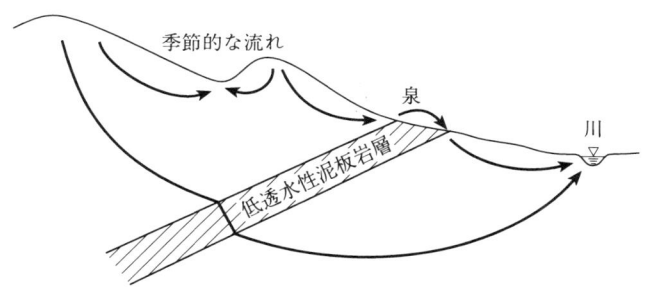

(b) 局所流水システムに対する地形と地質の影響

図 1.5

ルに分割している（図 1.5）．地下水が帯水層に滞留する時間は，物理的スケールや地質材料の透水性に依存して，数時間や数日という場合から何千年あるいは何百万年に及ぶこともある．

　高地地域は一般的に地下水涵養域となっており，その地下水面は深いところにあり，地下水面下では顕著な下向きの流れ成分が存在している．その結果，高地地域でのごみ埋立てなどによる地表面からの汚染は，帯水層のより深いところまで移動しながら，低地地域へ向かって水平方向に移動するという傾向がある．低地地域，特に湖沼や河川近くは地下水の流入域である．そこでは高透水性の土壌域に達するまでは上方に移動し，それから湖沼や河川に向かって水平に移動する．ほとんどの地下水の実際的な流入は，河川中や湖底あるいは浸出面（河川や

湖沼水面の少し上の岸に見られる）に沿って生じている．流動システムの中間域においては，地下水の流れは基本的に水平方向であり，鉛直方向（上下方向）の成分は相対的に小さい．特に透水係数などの水文地質学的特性の変化は，図 1.5 に示すように流動システムに大きな影響を与える．低透水係数域の存在は流れの障壁として作用し，その近くに流入域や流出域を出現させる．地形的な変化も同様の効果をもっている．例えば，山背や雨溝によって，地域的な流動とは異なった局地的な流れが生じる．

（3） 流線網と流動モデル

地下水面は部分的飽和状態から完全飽和状態へ遷移するところにほぼ位置しており，ピエゾ水頭は地下水面の水位に等しい（地下水面では $\Psi=0$）．したがって，地下水面の最大勾配に沿って流れる．ピエゾ水頭や地下水面高さの測定値は，しばしば地図や方眼紙上にプロットされ，図 1.6 に示すように地下水の流向の決定に使われる．地質が均質（homogeneous）かつ等方性（isotropic）の場合，すなわち透水係数がどの場所でも，どの方向にも同じである場合，地下水の流線は地下水面の等高線に直角となり（等ポテンシャル線に直交），ピエゾ水頭の高いところから低いところへ流れる．手書きやコンピューターで描かれるこのような流線網は，汚染物質の移動方向を予備的に予測したり，汚染物質観測井の位置を決めたりするのに役立つ．一方，地質が非等方的（anisotropic）（透水係数が方向により異なる），あるいはかなり非均質（heterogeneous）（割れ目，カルスト性など）の場合，流れは必ずしもピエゾ水頭の最大勾配方向とはならず，不規則な流跡を描く．したがってこのような場合，流線網はほとんど役に立たない．

被圧地下水の場合にも，地下水面の代わりにピエゾ水面の高さ（図 1.4）を用いて流線網を描くことができる．帯水層と不透水層が層状になっている場合，井戸からの揚水が各層の流れの方向を変化させるので，それぞれの帯水層ごとに別々の流線網を描く必要がある．このようなケースでは，調査している個々の帯水層に設けた井戸やピエゾメーターから得られたピエゾ水頭の値を用いて，流線網を描く必要がある．

流線網は帯水層の地形や境界条件，水文地質的性質などに基づいて，定常状態

1.3 地下水の流動システム

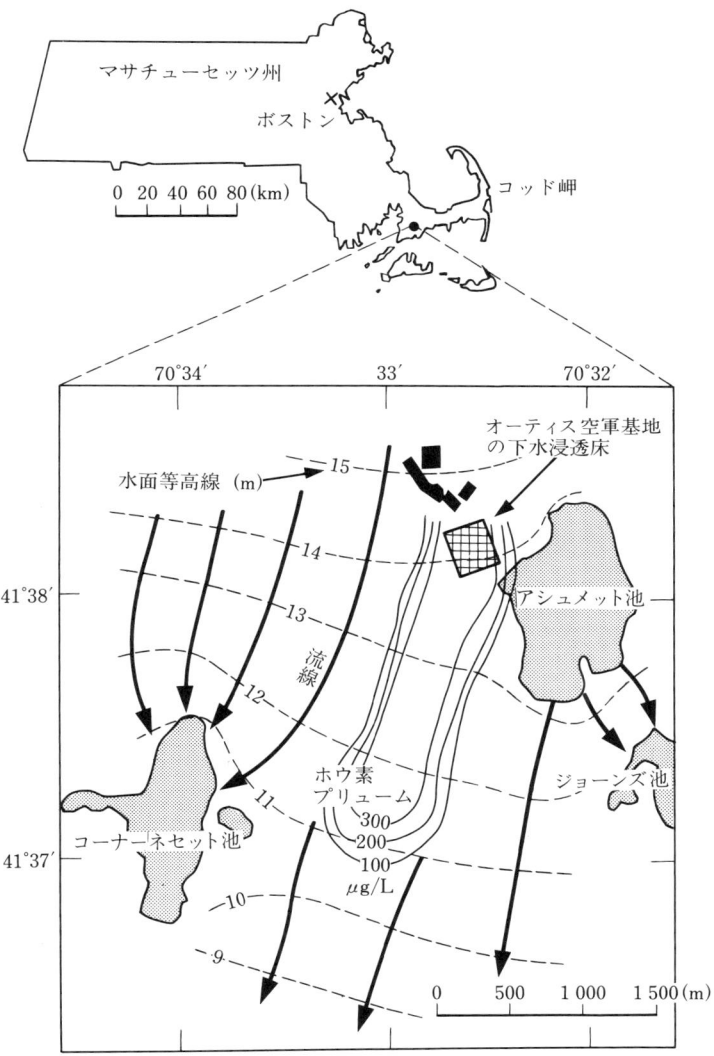

図1.6 不圧帯水層（砂・砂利）の水面等高線に基づく流線網．下水浸透床から滲出した溶存ホウ素プリュームの等濃度線も示す．許可を得て文献24)から作成

の流れに対しても描くことができる．このタイプの流線網は，実は地下水流動の方程式の図式解になっている．等ピエゾ水頭線である等ポテンシャル線と流線の位置は，図式方法または解析的あるいは有限要素・有限差分による数値計算により決定できる．この方法の精度は，流動モデルを検定するために，どれだけ多くのデータがあるかに大きく依存する．これらのモデルや汚染物質移動モデル（流動を含む）は，汚染プリュームの移動予測や観測井の位置決定において大いに役立つ．流線網の基本や応用についての概要は Cedergren[8] に，また地下水流動や汚染物質移動モデルは Anderson and Woessner[9] に詳しく記述されている．

1.4 自然界の地下水水質

（1） 不飽和帯

　不飽和帯には酸素や二酸化炭素，窒素などの気体が存在し，浸透した地下水がこれらの気体や微生物との反応によって変化するので，この領域は微生物生態や水質を考える際に特に重要である．殺虫剤や腐敗地からの流出などによる多くの汚染物質は，不飽和帯を通り，部分的に分解したり変化したりしながら，帯水層の飽和帯に流入していく．典型的には不飽和帯の中で，好気性微生物による酸素消費と二酸化炭素生成により，酸素濃度は減少し，二酸化炭素濃度は増加する (Chapelle[10])．不飽和帯と大気との間のガス交換は，拡散により生じる．空隙率の大きい土壌中では，何十 m の深さのところまで，好気性状態が保たれる．拡散の速度は空隙の大きさや水分含有量に依存するので，粗い粒状の堆積物や乾燥した環境の場合のほうが，細粒堆積物や湿潤環境の場合よりも，より深いところまで好気性が保持される．不飽和帯における微生物の酸素消費速度も重要な役割をもっている．消費速度は一般的に湿潤で有機物の豊富な堆積物中で大きい（酸素は速く消失する）．ときには不飽和帯において，温度勾配や湿潤な界面領域の下方移動により，間隙気体の移流的な移動が生じる．これらの移流的移動はほとんどが季節的なものである．地表面温度や水分含有にも部分的に依存するが，いくつかの酸素消費反応も季節的現象である．このように不飽和帯における酸素含有率は季節的に変動する．

（2） 飽 和 帯

　飽和帯における地下水の化学的変化は，流動に伴って進行する．帯水層での滞留時間や流れが通過する土砂の鉱物学的性質に関係する．降雨や浸透水は自然的には酸性であり，かなり高濃度の溶存酸素を含んでいる．酸性になるのは空気中の CO_2 が溶けているためで，pH は 5.5 程度であるが，酸性の大気汚染物質の影響を受ける地域ではもっと低い値となる．土中の有機物や硫化物の酸化のために，地下水面下数 m〜数十 m の間で溶存酸素が消費される．被圧帯水層あるいは溶存性有機物（自然的，人為的）を多く含む不圧帯水層の中は，嫌気状態が普通であり，ときにはメタン発生もある．石灰のような炭酸を多く含む土や岩では，鉱物性の $CaCO_3$ との反応によって，酸性の pH はすぐに中和される．石英砂や水晶岩のような緩衝能の低い鉱物の場合，酸性は流れの深いところまで保持される．地下水涵養域には若い地下水が含まれており，溶存酸素はより深いところまで保持されているが，低地の地下水流出域には古い水が多く，溶存酸素は比較的低濃度となる．一般的にいって，古い地下水は鉱物質や塩分，アルカリ分を多く含み，溶存酸素をほとんど含まない（Drever[11]）．

　地下水の年齢は降雨が土中に浸透してからの経過時間を意味するが，その年齢はある種の環境中のトレーサーによって決定されることもある．よく使われる2種類のトレーサーは，トリチウムを含む水（^3HHO）と溶解性のクロロフルオロカーボン（chlorofluorocarbons, CFCs）である．これらは第二次世界大戦以降，核実験や工業生産によって大量に大気中に放出され，降雨に溶け込んだのである．これらのトレーサーのどちらかが存在するということは，地下水が過去40〜50年の間に浸透したということであり，その帯水層が最近の汚染に対して弱いことを示している．帯水層中のトレーサー濃度測定値を過去の大気中濃度と比較することにより，もっと正確な地下水の年齢と流量を推定することができる．古い地下水は微生物汚染を受けにくいので，地下水の化学的性質やトリチウムなどの環境トレーサーは，モニタリング地点を選定する方法として利用することができる．

1.5 地下水汚染と微生物移動

前節で述べたように,地下水汚染は浅い位置にある粒状材料からなる不圧地下水で生じやすい.また,不圧で割れ目のある岩石やカルスト性石灰石からなる帯水層も汚染されやすい(浅い深いに関係なく).粒状堆積物の帯水層における汚染プリュームは舌状の形になり,流線網や流動モデルで求められる地下水の流動方向に移動する(図1.6).プリュームの先端には典型的な汚染の減少域がある.汚染源からの距離が増加するほど,汚染は減少する.このことは汚染物質がまわりの地下水と混合していることを示している.この混合は分散(移流拡散)(dispersion)といわれ,基本的には細砂状堆積物内に透水性の高い層と低い層が存在することにより生じる(Fetter[12]).粒状堆積物の場合,汚染プリュームは顕著な鉛直方向の成層を形成する.それはプリュームの上下において,周囲の地下水との混合がほとんど起きていないことを示している.このことは地下水観測井の配置の際に考慮すべき重要な因子である.そこで,井戸の上下を汚染物質が通過していないことを確認するために,異なった深さのところにいくつかの井戸を設けるという方法が次第に普及しつつある.

かなり割れ目の多い土や岩の中で,汚染プリュームは規則的な舌状になる傾向があり,粒状帯水層の場合と似ている.しかしある場合には,流れのほとんどが広い空間をもつわずかな割れ目の中での強い移流に支配され,汚染物質がこれらの割れ目に沿って移動するために,プリュームは非常に不規則な形となる.このような割れ目の位置は不明なので,そのようなプリュームの検出や観測は極めて困難である.カルスト性の石灰石堆積物の場合にも,流れの経路の分布は非常に不規則になりやすいので,以前に不規則なプリュームの観測がなかったとしても,汚染域に多くの観測井を設置することがときには必要である.カルスト地域では,割れ目流路の自然の出口である泉において,地下水汚染を監視する場合がしばしばある.また,同じような流出先である河川の汚染レベルに基づくこともある.

地表面下では,微生物を含む汚染物質が,さまざまなプロセスにかかわっている.これらは一般的に二つのカテゴリーに分類される.

1.5 地下水汚染と微生物移動

① 吸着，ろ過，沈着などの付着（attachment）プロセスであり，地下水から汚染物質が除去される．
② 放射性物質の崩壊，バクテリアの死滅，加水分解，脱窒などの分解（degradation）プロセスであり，汚染物質の物理的，化学的性質が変化する（Fetter[12]）．

　鉱物質表面へ溶解質が吸着するような多くの付着プロセスは可逆的であり，後に汚染物質の脱着が生じる．このプロセスによってある種の汚染物質は，吸着の影響を受けない汚染物質に比べて，より遅く移動することになる．分解プロセスはほとんどの場合に不可逆的であり，その結果，汚染物質は永久的に除去される．ただし，分解プロセス自体が毒性のある化学的副生成物をもたらすこともある．「非反応性」という用語は，塩化物のような汚染物質を記述するのに使われ，通常，これらの汚染物質は地下水中で付着や分解の影響を受けない．

　汚染水文地質学は急速に発展しつつある学問分野である．過去10～15年の間に，地表面下での汚染物質の消長や移動に関する物理的，化学的，生物的プロセスの理解が大幅に進んだ．しかしながら，地表面下において自然に存在している地質的，化学的，生物的な変動性のゆえに，汚染物の挙動は場所的に大きく異なっている．その結果として，汚染物質移動や除去効果の予測には，いまでも多くの不確実性が伴っている．最近のNational Research Council（NRC）の報告書[13]によれば，地下水汚染の検出，特性把握，除去のために利用できる方法や技術には，まだまだ大きな制約がある．NRCの報告書は，汚染に対する目的や戦略を，飲料水基準並みに完璧に清澄にすることでなく，部分的除去や封じ込め，予防へシフトさせるべきであると勧告している．

　主要な汚染問題がまだ知られていないか，あるいはその重要性が十分に認識されていない可能性がある．1980年代後半，工業用溶剤やドライクリーニング液などの高濃度非水性液体DNAPLs（dense nonaqueous phase liquids）による地下水汚染問題が，多くのスーパーファンド法適用場所における主要課題として認識されるようになってきた．長年にわたって，研究者や技術者たちはDNAPL汚染から発生する溶解性プリュームの浄化を試みてきたが，ほとんど失敗であった．その理由は，主に揚水して処理するという浄化戦略が，地表面下のDNAPL汚染源の除去に効果をもたなかったからである（Pankow and

Cherry[14]）．

　地下水の微生物汚染，地表面下の微生物生態，微生物移動プロセスもまた，近い将来ますます重要になる課題である．1993〜94年に17州で発生した水系感染症の流行に関する米国連邦政府のデータから，Kramer et al.[15] は報告された流行のほぼ70％が井戸水に関係していたことを見出した．多くの汚染井戸が農村地域にあり，使用していたのは少数の人々であったので，その影響を受けた総人数は，表流水により感染した場合に比べると，まだはるかに少なかった．これ以外の研究も含めて考えると，地下水の微生物汚染は特に農村域で多くの人々に影響を与えることが示唆される．微生物汚染源になりうるものは，腐敗状の土地，下肥，ごみ埋立て，下水管の漏れなどである．微生物生態学や微生物移動への関心が高まっているもう一つの要因は，最近，地下水からの汚染除去に生分解 (biodegradation) の活用が強調されていることにある．これには本来の生物的修復（バイオレメディエーション：bioremediation）と強化方法の二つのタイプがある．前者は自然状態での微生物による分解である．後者は特殊な汚染物の分解を促進するために，栄養塩や微生物を帯水層に加える方法である．

　地下水の微生物汚染に対処したり，あるいは地下水浄化に微生物を適切に活用したりするためには，微生物生態や移動・生息プロセスに関するより進んだ理解が必要であろう．不飽和帯での微生物学は長い間，活発に研究されてきた分野であるが，最近の研究によると，かなり深部の地下水流動システム中にさえも，重要な微生物活動が存在していることがわかってきた（Chapelle[10]）．微生物移動の研究は主に不圧の砂礫帯水層に集中して行われてきた（Harvey et al.[16]，Bales et al.[17]）．そして，少なくともある種の微生物は，これらの堆積物中を環境的に有意な速さ（1日当り何十cm）で，かなりの距離（何十〜何百m）を移動していることが明らかになっている．この研究はめざましく進歩してきたけれども，まだ発見段階であり，地下水中における微生物の移動速度を信頼しうるレベルで予測することはできない．野外スケールでは，特に水文地質学的条件の大きな変動が，予測の問題を難しくしている．つまり，実験室で得られた結果をスケールアップして，現場に適用することを困難にしているのである．割れ目のある粘土や岩石を対象にして，バクテリオファージ（bacteriophages）やバクテリアなどの微生物トレーサーを用いた最近の研究（野外や実験室）によると，自然の流動

1.5 地下水汚染と微生物移動

条件において，ある種の微生物トレーサーが1日当り何m～何十mの速さで移動する可能性のあることもわかってきた（McKay et al.[18], McKay et al.[19]）．これらの移動速度は非反応性溶質に比べて，オーダーが違うほど速い．この違いは明らかに溶質の拡散による．すなわち割れ目の中の小さな間隙にとどまって，ほとんど移動しない間隙水中へ溶質が拡散するためであり，はるかに大きい微生物では，そのような拡散は生じない．割れ目のある媒体中の微生物汚染は，粒状媒体の場合よりも，さらに大きな脅威であることを示唆している．

最も深刻な微生物汚染問題は，カルスト性石灰石帯水層において起きると考えられる．これらは北米に広く分布しており，アパラチア山脈西部やフロリダ州やユカタン半島にある重要な帯水層などもそうである．カルスト性の帯水層では，溶解質により大きくなった割れ目や溝を地下水が流れるが，その流速は1日当り何十m～何千mであることが観測されている（White[20]）．カルスト性材料の中で微生物が分解したり付着したりする可能性は，他の地質材料に比べてはるかに小さい．それは汚染物質の地下水中での滞留時間が短いためであり，さらに微生物が割れ目や溝の壁面に付着する確率が小さいためである．それにもかかわらず，カルスト性帯水層における微生物移動プロセスに関する研究は比較的少ない．

●追加情報

・水文地質学的および汚染物質にかかわる原理とプロセスに関する情報

水文地質学的原理に関する一般的情報は，Freeze and Cherry[3]，Fetter[21] などの高等教育レベルの教科書に詳しい．地下水汚染問題やそのプロセスは，Fetter[12]，National Research Council[13]，Pankow and Cherry[14] などの本に記述されている．地下水の化学はDrever[11]の本に，また地下水の微生物学はChapelle[10]の本に記述されている．

・地域あるいは局地的な水文地質学的条件に関する情報

地下水の現場調査やサンプリング問題の本質的な部分は，その付近の水文地質学や土質条件，排水，場所的履歴などに関する利用可能な情報の徹底的な評価である．地域の水文地質学的情報について概観することは，帯水層や流動システム

の形態を知るうえで役に立つ．水文地質学あるいは土質に関する郡スケール程度の局地的調査は，重要な水文地質学的形態，排水条件，地下水位，透水係数の範囲，水質および汚染感受性などを明らかにするのに利用できる．ある場所または近傍における井戸の記録等，その場所特有の情報は詳細設計やモニタリングデータの解釈に役立つ．歴史的な情報，例えば古い腐敗状土地や埋設された石油タンクなども，過去の活動の影響を受けた地域を知るうえで有益である．

地域的水文地質学を概観するためには Back et al.[22] の本がよい．Geological Society of North America（北米地質学会）から出版されたその本には，各地の水文地質や米国で見られる主な岩石や土のタイプについて記述した章がある．米国における局地的，地域的な水文地質情報や報告書の主導的な情報源は，USGS：U. S. Geological Survey（米国地質調査所）の Water Resources Division（水資源部門）である．この情報は大学などの指定された図書館や米国政府印刷所（U. S. Government Printing Office）において，各地の USGS 支部やコンピューター化された水資源データベース（WATSTORE）から入手できる．NGWA：National Ground Water Association（国立地下水協会）もまた，Ground Water Site Inventory system として知られるコンピューターデータベースを運営しており，政府と民間の両方の情報提供を行っている．

局地的な水文地質学的調査もまた，各州の地質調査所から出版されている．これらの調査はすべての地域で行われたものではないが，かなり詳細であり，利用価値は高い．局地的な水文地質報告書のすぐれた例としては，インディアナ地質調査所（Indiana Geological Survey）の職員により作成された「インディアナ州，アレン郡の水文地質学」（Fleming[23]）がある．それは111頁の報告書と10枚の地図から構成されている．その地図には地形を示す断面図，地質，帯水層分布，地下水位，そして汚染に対する感度などが含まれている．これらの報告書を大学の図書館で見つけることもしばしばある．あるいは州の地質調査所から直接，入手できることもある．郡スケールの有用な土質情報は，U. S. Department of Agriculture, Soil Conservation Service, U. S. Forest Service，あるいは州の土壌保全局で見つけることができる．例えば，掘削業者による井戸の記録など，その場所固有の情報は，いくつかの州で収集，公開されている．ある特定の地域でこのサービスが利用できるかどうかを見つけるのは難しい．また，データの質

もさまざまである．その他の州や郡の機関あるいは公益事業所もまた，自分たちが利用するために地下水情報を収集しており，喜んで提供してくれることも多い（もし見つけることが可能ならば）．最後に，その地区の掘削業者や技術コンサルタントは有用な情報源であるが，それらのデータの多くには所有権があり，入手は難しい．

文献

1) Solley WB, Merk CF, Pierce RR. Estimated use of water in the United States in 1985. U.S. Geological Survey Circular #1004. 1988.
2) Czakó T. Groundwater monitoring network in Denmark: example of results in the Nyborg area. Hydrol Sci 1994; 39(1):1-17.
3) Freeze RA, Cherry JA. Groundwater. Englewood Cliffs: Prentice-Hall Inc., 1979.
4) Wilson GV, Jardine PM, O'Dell JD et al. Field-scale transport from a buried line source in variably saturated soil. J Hydrol 1993; 145:83-109.
5) Solomon DK, Moore GK, Toran LE et al. A hydrologic framework for the Oak Ridge Reservation. Oak Ridge National Laboratory, TM-12026 1992.
6) Ballesteros T, Herzog B, Evans OD et al. Monitoring and sampling in the vadose zone. In: Nielsen DM, ed. Practical Handbook of Ground-Water Monitoring. Chelsea: Lewis Publishers Inc., 1991:97-143.
7) Kueper BH, McWhorter DB. Physics governing the migration of dense non-aqueous phase liquids (DNAPLs) in fractured media. In: Pankow JF, Cherry JA, eds. Dense Chlorinated Solvents and Other DNAPLs in Groundwater. Waterloo: Waterloo Press, 1996:337-353.
8) Cedergren HR. Seepage, Drainage and Flow Nets. New York: Wiley-Interscience, 1967.
9) Anderson MP, Woessner WW. Applied Groundwater Modeling. San Diego: Academic Press Inc., 1992.
10) Chapelle FH. Ground-Water Microbiology and Geochemistry. New York: John Wiley & Sons Inc., 1993.
11) Drever JI. The Geochemistry of Natural Waters. Englewood Cliffs: Prentice-Hall Inc., 1982.
12) Fetter CW. Contaminant Hydrogeology. New York: Macmillan Publishing Co., 1993.

13) National Research Council. Alternatives for Ground Water Cleanup. Washington: National Academy Press, 1994.
14) Pankow JF, Cherry JA. Dense Chlorinated Solvents and Other DNAPLs in Groundwater. Waterloo: Waterloo Press, 1996.
15) Kramer MH, Herwaldt BL, Craun GF et al. Waterborne disease: 1993 and 1994. Journal AWWA 1996; 88(3):66-80.
16) Harvey RW, George FH, Smith RL et al. Transport of microspheres and indigenous bacteria through a sandy aquifer: results of natural and forced-gradient tracer experiments. Environ Sci Technol 1989; 23(1):51-56.
17) Bales RC, Li S, Maguire JT et al. Virus and bacteria transport in a sandy aquifer, Cape Cod, MA. Ground Water 1995; 33(4):653-661.
18) McKay LD, Cherry JA, Bales RC et al. A field example of bacteriophage as tracers of fracture flow. Environ Sci Technol 1993; 27(6):1075-1079.
19) McKay LD, Sanford WE, Strong-Gunderson JM et al. Microbial tracer experiments in a fractured weathered shale near Oak Ridge, Tennessee. Intl Assoc Hydrogeol Congress (Edmonton) 1995.
20) White WB. Geomorphology and Hydrology of Karst Terrains. New York: Oxford University Press, 1988.
21) Fetter, CW. Applied Hydrogeology. 3rd ed. New York: Macmillan Publishing Company, 1994.
22) Back W, Rosenshein JS and Seaber PR eds. Hydrogeology (vol 0-2 of the geology of North America). Boulder: Geol Soc of America, 1988.
23) Fleming AH. The hydrogeology of Allen county, Indiana, A geologic and ground-water atlas, Special Report 57. Bloomington: Indiana Univ, 1994.
24) LeBlanc DR, Garabedian SP, Hess KM et al. Large-scale natural gradient tracer test in sand and gravel, Cape Cod, MA, 1. Experimental design and observed tracer movement. Water Resour Res 1991; 27(5):895-910.

第2章
微生物試験における地下水サンプリング法

Scot E. Dowd and Suresh D. Pillai

　帯水層中の微生物試験においては,「代表」試料の採取が最も基本的で重要なステップである.米国環境保護庁(EPA[1])は,観測井は帯水層への「のぞき窓」であるべきだとしている.観測井を通じて,その時点に帯水層中を流れている代表的な地下水試料を採取することができる.このような代表試料を得るためには,それに適したサンプリング手法を選択しなければならない.サンプリング手法の選択には以下のような諸因子を考慮する.

- 試験する汚染微生物のタイプ
- 用いられる試験方法のタイプ
- 試験に必要な試料の量
- サンプリング深度
- 観測井のタイプ
- 可能な予算

　サンプリングの計画を立てるにあたっては,その目的が糞便汚染調査なのか,それとも地質にもともと棲息する微生物の調査なのかを,まず明らかにしなければならない.それによって,観測井の場所やサンプリング頻度がおのずと決まってくる.

　本章においては,糞便汚染の調査に有用と考えられる代表試料のサンプリング方法について,重点的に解説する.また,ウイルス性および原虫性疾病のための観測井の設置とサンプリング手法,既存のサンプリング用蛇口を有する井戸におけるサンプリング手法についても解説する.

第2章 微生物試験における地下水サンプリング法

2.1 観測井の掘削

　代表試料を得るための最も重要な点は，最適な井戸を掘削し観測井として仕上げることである．いうまでもなく観測井の設計は重要である．単に地面下に孔を掘削しただけでは，帯水層を流れる水の性質についての情報を得ることはできない．掘削する井戸の設計のみならず仕上げに関しても時間と労力をかけて，注意深く計画しなければならない．採水部分には注意を払い，最適な場所に設定する．井戸スクリーンを設置する地層の粒度組成に適合した目幅のフィルターを選択する．フィルターと採水部は，実験室で得られたデータをもとに，対象とする地層粒子の70〜85％が除去できるものを選択し，サンプリング中に濁度が過剰にならないようにする．

　ベントナイト密封やグラウチングに用いる材料の選択も重要であり，井戸のタイプと地質に依存する．例えば，不飽和帯水層における密封には，スラリー状のベントナイトを用いる．一方，飽和帯水層に対しては小片状またはペレット状を用い，それらが広がらないうちに固化させる．井戸の掘削法も重要であり，各工程について多数の報告がある．岩盤地層でエアーロータリー工法を用いた際には，井戸全体に粒状物が堆積するので，これらを丹念に取り除かねばならない．ドライブ工法やオーガー工法の場合には，井戸と地層との間が汚染し，観測井の仕上げ作業がより困難となる．マッドロータリー工法を用いた際には，掘削孔内に付着した泥ケーキを強力に取り除き，完全に除去して仕上げなければならない．掘削の際に用いられた添加剤も，井戸と周囲の地層から十分に取り除く必要がある．微生物汚染を検出するための観測井は，極めて正確にかつ注意深く掘削して仕上げないと，決して代表的な試料を得ることができない．欠陥のある試料を用いることにより，ある特別な井戸について，汚染を過小評価してしまうことも起こりうる．これが，サンプリングデータに基づく結論の信頼性に影響するかもしれない．井戸の設計と掘削についての詳細は本章の対象外であるので，他書を参照されたい（Aller et al.[2], ASTM[3]）．

2.2 井戸の仕上げ

　適切に設計され掘削された井戸の仕上げの工程は，井戸の周囲の帯水層において自然の水の流れを回復させるために行われる．井戸の掘削によって周囲の地下水の流動は必ず破壊されるため，この作業工程は欠かせない．前述したように，観測井は帯水層への「のぞき窓」でなくてはならず，井戸から採取される試料はその時点に帯水層を流れている水を代表するものでなくてはならない．このことはしばしば困難であり，時には不可能でさえある．井戸の仕上げの成否によって地下水試料の質と特徴が決まるから，よい仕上げ作業を行わなければならない．

　井戸の仕上げには以下の3点が影響する．
① 　周囲の地質
② 　井戸の設計と完成度
③ 　用いられた掘削法

　一般的に，強固な地質における井戸は安定であり，仕上げは容易な傾向にあると考えられる．一方，砂質のように軟らかな地質では孔井が安定でないことがあり，井戸の適切な仕上げが困難となる．

　観測井の適切な仕上げ作業について，一つの推奨手順を以下に述べる．本手法では，図2.1に示したワイヤとサージブロック，および図2.2に示した汲み取り

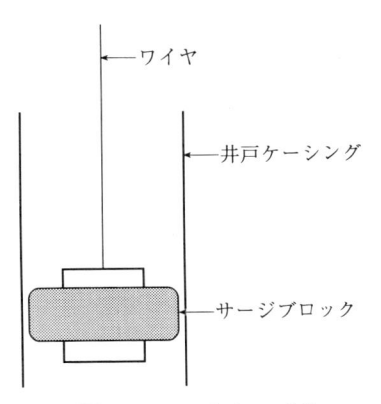

図2.1　サージブロック法

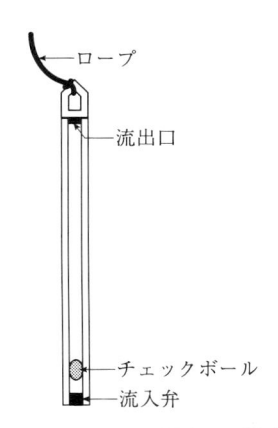

図2.2　汲み取り採水器の構造

採水器 (bailer) または着座式ポンプを用いる．井戸仕上げ作業の第 1 段階は「サージング」と呼ばれ，正確な大きさと重量のサージブロックを緩やかに上下させる．採水部の上部から始め，次第にスクリーン面全体にわたって移動させる．これにより，土壌粒子はスクリーン目よりも小さくなり，ケーシングの周囲に砂を効果的に固めることになる．

最初のサージングの後に，着座式ポンプか汲み取り採水器を用いて，井戸中の砂を取り除いて井戸を洗浄する．通常，水量が少ない井戸には汲み取り採水器が，水量が多い井戸には着座式ポンプが適している．着座式ポンプは，最初はスクリーンの底部方向に向かって引き下げ，その後緩やかにスクリーン上部付近まで引き上げる．その際，粒状物がポンプに障害を与えないように注意する．この揚水作業では井戸容積の 3 倍の水を汲み出す．井戸や地質によっては 10 倍の汲み出しが必要なこともある．

井戸容積 (V) は，$V=\pi r^2 h$ で計算できる．ここで，r は井戸孔の半径であり，h は井戸深である．井戸深（湛水深）は図 2.3 に示すように，静水位から井戸底までの静水頭である．

サージングと洗浄は，濁度の変化が小さくなるまで何回も繰り返す（表 2.1）．最初のサージングの後にはサージングの強度を増加させ，スクリーンの 1 m 深ごとに濁度低下が見られなくなるまで行う．本工程をスクリーン上部から底部まで行う．正確なサイズのサージブロックを用いること，作業を緩やかに静かに開

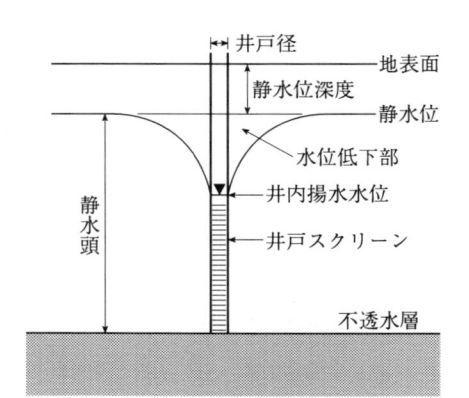

図 2.3 帯水層内の井戸の模式図

表 2.1 井戸仕上げおよび洗浄時における水質指標の許容される変動幅のガイドライン

指　　標	許容変動幅
温度	0.5℃
pH	0.1
溶存酸素	0.2 mg/L
電気伝導度	10.0 (S/cm)
濁度	5 NTU

始することもまた重要である．これによって，サージブロックが井戸ケーシング内に詰まったり，採水部や井戸ケーシングを損傷することを防止する．pH，水温，溶存酸素等の水質指標が表 2.1 の水質基準内で安定したときをもって，井戸が十分に仕上がったと判断する．

汲み取り採水器の使用だけで井戸を仕上げる場合もある（バイラードロップ法と呼ばれる）．この方法では，汲み取り採水器を採水ロープにつなぎ，水面をたたくまで落下させて水を満たし，ついで急に引き上げる（通常の採水では汲み取り採水器を注意深く水面におろして水を満たす点が，本法と異なる）．井戸ケーシングに過剰な圧力や接触を与えないように，十分に注意を払わなければならない．井戸の仕上がりの基準を満たすまで，この作業を何度か繰り返す．汲み取り採水器を用いる仕上げ作業には，極めて多くの労力を要することが予想される．

2.3 井戸洗浄

井戸洗浄とは，帯水層の代表試料を採取する際に井戸内に滞留していた水を取り除くことである．汲み取り採水器あるいはポンプが用いられるが，両者の効果は同じである．EPA により，サンプリング前に井戸孔の 3 倍の容量の水を取り除くことが標準化されている．これにより，滞留水を除去し帯水層の代表試料を井戸に引き入れることができる（EPA[1),4)]．過剰な揚水や洗浄は，汚染物質を希釈する可能性があるので，避けなければならない．地下水が帯水層から井戸へ供給される速度と比較して，洗浄速度が過大にならないようにする．洗浄が過剰となると，地下水がカスケード状に井戸に流入して，砂を井戸内に持ち込む危険性がある．汲み取り採水器やグラブ採水器を用いたサンプリングは，井戸の静水位が安定する前に行わなければならない．したがって，適切な洗浄速度を井戸の仕上げ作業中に決定して，その速度で各サンプリング時に洗浄を行うことが大変重要である．洗浄水の pH，水温，電気伝導度，溶存酸素濃度および濁度が安定した時点で，洗浄が完了したものと判断する．特に溶存酸素濃度は最も適した指標と考えられる．まず，井戸孔容積の 1 倍容量の洗浄の後，次に 2 倍容量の洗浄の後，その後は 1/4 容量の洗浄ごとに試料を採り，指定の滅菌ガラス容器に入れ，水質指標を測定する．

第2章　微生物試験における地下水サンプリング法

【方法】
1. 井戸を適切に仕上げ，適当な洗浄速度を決定する（上述のとおり）．水位を測定して記録する．
2. 清浄なラテックス手袋をつける．井戸周囲には，洗浄器具が汚染されないように，プラスチックシートを敷く．
3. 消毒または滅菌したサンプリング装置を用いて，井戸容積の3倍容量の水を除去する．このときの洗浄速度は，地下水の供給速度よりは十分に速く，かつ井戸中の水を汲みつくさない程度の速度でなければならない．
4. 水質測定用の試料を採取する．水質指標はまず井戸容積の洗浄後に測定し，その後1/4井戸容積の洗浄ごとに測定を続け，試料間の測定値の差が小さくなって安定した値を示すまで継続する．

2.4　地下水のサンプリング

サンプリング手法は，どのようなサンプリング装置が使用可能であるか，どのような微生物試験が行われるのかによって決められる．微生物試験のためのサンプリング器具としては，汲み取り採水器，グラブ採水器，着座式ポンプおよび容積型ポンプが適当である．ポンプは，基本的に大規模な井戸や地下水の供給速度が大きい井戸の場合，大量の地下水を採取しなければならない場合，一定の流速でろ過器を通さねばならない場合などに用いられる．汲み取り採水器は浅い井戸や地下水供給速度が遅い井戸，また，小容量のサンプリングに最も適している．種々のサンプリング法の特徴点を以下に示す．

（1）　汲み取り採水器（bailer）

汲み取り採水器を用いる方法は，最も簡単で低価格なサンプリング法である．汲み取り採水器は容易に製作でき，また多数の市販品がある．汲み取り採水器の構造は図2.2に示したように，さまざまな直径や長さの中空の管からなり，一方向の流れを通過させるチェック弁を底部に，流出口を上部に有する．まず，汲み取り採水器上部につながれたロープ等を引き下げて，汲み取り採水器を地下水面まで降下させる．次に，汲み取り採水器を静かに水中に下ろし水を満たす．そし

て緩やかに引き上げ試料水を得る．汲み取り採水器の大きさは試料の採取量と観測井の径で決められる．採水器のつり下げには，ロープ，コード，釣り糸などが用いられる．地下水は底部の弁から採水器に入り，引き上げるとチェックボールが落下して底部の開口をふさぎ，試料が失われるのを防ぐ構造になっている．本法は 50 ft（15.24 m）より浅い井戸，また水量があまり多くない井戸に適している．汲み取り採水器は使いやすく，持ち運びが便利であり，安価であり，試験に適した材質でつくることができる．汲み取り採水器は安価であるから，井戸仕上げ用と井戸洗浄用とサンプリング用に，それぞれ専用の汲み取り採水器を用いることができる．汚染を防ぐために，異なった井戸にはそれぞれ異なった汲み取り採水器を用いるとよい．

　汲み取り採水器を用いる最大の利点は，電力等を必要としないことである．しかし，大きくて深い井戸では特に多大な労力を必要とし，この点は汲み取り採水器の欠点である．また，汲み取り採水器から試料容器に試料を移す際や，井戸洗浄に用いた汲み取り採水器でサンプリングした際には，空気混入や汚染の危険性がかなり大きい．

（2）　グラブ採水器（grab sampler）

　グラブ採水器は汲み取り採水器と違って，井戸内の異なった深さで試料を採取することができる．グラブ採水器の例として，シリンジ・ボム採水器がある．グラブ採水器は，採水器本体と，ばねで調節されている流入弁，サンプリングワイヤ，および支持ワイヤからなる．グラブ採水器は比較的安価で使いやすく，持ち運びに大変便利である．また，深度別の採水ができる．汲み取り採水器と同様に人力を必要とし，特に井戸の仕上げや洗浄では顕著である．試料を試料容器に移す際には，汲み取り採水器と同様，空気の混入や汚染の危険があり，またサンプリングの際には，複数の作業員が必要である．汲み取り採水器のように，グラブ採水器は支持ワイヤを用いて，目的とする深度まで降下される．採水器が目的の深度に達したところで，支持ワイヤが引かれる．すると，流入弁が開いて地下水が流入する．採水器に試料が満たされると，サンプリングワイヤが緩み，試料が外部に漏れないように流入弁が閉じられる．そして採水器は緩やかに引き上げられる．

この種の採水器具は，微生物の確認試験に適しており，小容量の試料しか必要としない試験に推奨される．

（3） 着座式ポンプ（submersible pump）

着座式ポンプは，EPAにより地下水試料採取に適した方法の一つとされている．サンプリング専用のポンプを井戸中に恒常的に設置した場合，本法は最も効果的である．しかし，井戸の数が多い場合には，大変高価となる．着座式ポンプはさまざまな井戸深度で用いることができ，また採取速度が可変である点が大きな長所といえる．ポンプは地下水を排出ラインまで揚水し，そこから試料採取を行う．着座式ポンプの短所としては，コストがかかること，野外で電源を必要とすることなどがあげられ，専用ポンプを用いない場合には，他の井戸によるポンプやラインの汚染対策も必要となる．

着座式ポンプは，腸管系ウイルスのように大量の水を必要とする微生物サンプリングの場合，特に便利である．また，井戸容量が大きかったり地下水供給速度が速い場合に，推奨される方法である．

（4） 容積型ポンプ（positive displacement pump）

ブラダーポンプ（bladder pump）のような容積型法も，EPAにより微生物サンプリングに有効な方法とされている．これらの採水器は，電力やガソリンエンジンを用いたコンプレッサーから送気される圧搾空気を利用して運転される．地下水はチェック弁を通って，ポンプに引き入れられる．この弁は，ポンプの逆ストロークの際に閉じられる．次に，上部のもう一つの逆止弁を通じて水は勢いよく吐き出される．地下水試料は圧搾空気またはガスに接触することがなく，物理化学的な変化が起きることはない．

本法では，サンプリング流速は多少遅いが，かなり深い場所からのサンプリングが可能である．サンプリング機器は井戸中に常設することができ，またサンプリング流速は電力で調節することができる．本採水器は直径が5cm以上の井戸で使用が可能である．コストは大変高い．また，井戸に常設しない場合には，サンプリングごとにポンプおよび配管の汚染を除去しなければならない．

2.5 細菌測定のためのサンプリングプロトコル

細菌測定を目的とした一般的な地下水サンプリングプロトコルを以下に示す．本法では 250 mL～1 L の試料を採取する．汲み取り採水器を用いた手法について述べてあるが，その他の採水器を用いた場合にも応用が可能である．ここで必要とされる器具等については，付録で説明する．

【方法】
1. 前述の要領で井戸を仕上げ洗浄する．洗浄した井戸水は，当該地域の規制に応じて排水しなければならない．
2. 清浄な手袋をつける．
3. 消毒または滅菌した汲み取り採水器（他の適切な採水器も可）を，注意しながら必要なサンプリング深度まで下ろす．この際に，井戸ケーシングを振動させたり，水をはね上げたりしないように注意すること．汲み取り採水器に水を満たし緩やかに引き上げ井戸から取り出す．井戸に過度の衝撃を与えないこと．
4. 採水器を取り出した後，注意して試料を試料びんに移す．試料びんを地面においたり，びんの内部に触れたりしてはいけない．手や採水器具がびんの内部に接触しないようにすること．びん上部の空隙が 2.5 cm 以下になるまで水を入れる．
5. 注意して採水びんにふたをし，試料ラベルを貼った後，清潔なプラスチック袋の中にびんを入れる．袋を密封して保冷剤の入った保冷庫に入

表 2.2 サンプリング情報とデータの記録様式の例

プロジェクト名：
年月日：
地点名：
試料名：
試料のタイプ：
サンプリング器具名：
開始時刻：　　　　　　　　メーターの読み：
終了時刻：　　　　　　　　メーターの読み：
ろ過水量/採取量：
pH：
温度：
濁度：
溶存酸素：
電気伝導度：
試料採取者の署名と日付：

れ実験室に持ち帰る．
6．化学分析に供する試料を別に分取する．
7．必要なサンプリング情報とデータをすべて記録する．例を表2.2に示した．

2.6　既存の装置からのサンプリング

蛇口やホースのような既存のサンプリング装置には，注意すべき問題点があり，井戸が適切に仕上げられ洗浄されている場合でも起こりうる．特にサンプリング装置や配管中に微生物が存在している可能性がある．これらの微生物相は，帯水層中の微生物相とは異なるため，試料から除去する必要がある．そのためには次のような操作を行う．サンプリング装置が金属のように耐熱性材質であれば，サンプリング前に炎やトーチで装置を熱する．装置が非耐熱性であれば，沸騰水を装置に数分間注ぐ．熱処理と併せて薬品処理も行うことができる．サンプリング装置の消毒には，エタノールまたは新鮮な過酸化水素水の希釈溶液が通常用いられる（薬品処理は通常，熱処理の後で行われる．アルコール等の可燃性物質の周囲では火を使用しないこと）．まず，装置表面を清潔な紙タオルで拭き取る．次に，消毒液を浸した清潔な紙タオルで再び装置表面を拭き取る．また，装置内部は，消毒液をしみ込ませた綿棒を用いて拭き取る．最後に消毒液を乾かす．熱および薬品処理の後に，観測井と同様に地下水を勢いよく流出させ洗浄する．水温，pH，電気伝導度および濁度が安定するまで，水を流し続けねばならない．しかしながら，配管中の微生物膜を除去するのは著しく困難である．試験結果を解釈する際には，このような微生物膜内の微生物群が試料中に混入する可能性について考慮しなければならない．既存のサンプリング装置や蛇口からの一般的な地下水採取手順を以下に記す．

【方法】
1．清浄なラテックス手袋をつけ，サンプリング道具が汚染されないように，井戸の周囲には清潔なプラスチックシートを敷く．
2．上述の要領でサンプリング装置を洗浄し消毒する．
3．水流をスタートさせる．井戸容量が不明の場合には，水質指標が安定する

まで水流を採取容器の中に流し続ける．指標が安定した後，少なくとも5分間は流し続けること．
4. 手袋を新しいものと交換する．
5. 滅菌した試料容器に必要な量の水を採る（容器の汚染を防ぐために，前述の予防手段をとるのである）．試料びんを鉛直方向から水流中に入れ，上部の空隙が2.5 cm以下となるまで水を入れる．水流からびんを水平方向に取り出す．
6. びんにふたをし，試料ラベルを貼り，清潔なプラスチック袋に入れてから，保冷剤入りの保冷庫に入れる．

2.7　特殊なサンプリング法

　人間の健康に関連する病原性のウイルスや原虫の地下水中における存在量は，多くの場合微量である．したがって，帯水層の腸管系ウイルスや病原性原虫（*Criptosporidium* spp., *Giardia* spp. 等）を検出することがモニタリングの目的である場合には，特別な地下水サンプリングプロトコルを用いて，大量の地下水を採取しなければならない．基本的には，特殊なフィルターを用いて，大量の試料から微生物を濃縮する．このフィルターを実験室に持ち帰り，適切な方法で測定する．多くの細菌試験では，滅菌容器に水試料を採取して実験室に輸送するのと対照的である．

　腸管系ウイルスと原虫のサンプリングには大量の水が必要であり，特定の速度でフィルターを通過させなければならない．この点は，水量の少ない井戸の場合や高価な特殊ポンプがない場合には，問題を生ずる．このような場合の一つの方法は，まず地下水を清潔な消毒済みの50 gal（189.27 L）の容器に採取したうえで，そこからポンプで吸引しフィルターを通す方法がある．この方法は，原虫の測定に関する勧告で求められているように，特殊撚糸フィルターに40 gal（151.416 L）程度の地下水をろ過する場合に適用できるだろう．しかし，ウイルス測定に関する勧告では少なくとも500 gal（1892.7 L）の地下水のろ過が求められているから，この方法を用いることはできない．

2.8 腸管系ウイルスのサンプリング

地下水中のウイルスの濃縮に用いるフィルターは，正の電価をもつ1 MDS フィルターの ZetaPor，Virosorb フィルターである（Cuno, Inc. 製，Meridian, CT）．フィルター上へのウイルスの残留は，主に，全体では負に帯電したウイルスと正に帯電したメンブレン膜との静電引力によると考えられている．フィルターはカートリッジホルダー内におかれ，それは逆止弁，圧力調整弁，流量メーターに順に接続されている（図 2.4）．地下水中の腸管系ウイルスの一般的なサンプリングは次のとおりである．

【方法】
1. 開栓またはポンプをスタートさせ，水を 2,3 分間流した後，栓を閉める．
2. 手袋をつけ，逆止弁を栓または栓に接続したホースにつなぐ．
3. 圧力調整弁を管の他端に取り付け，再び蛇口を開け水を流す．水圧を 30 psi 以下に合わせる．
4. 水を連続して流しながら，pH，水温，濁度および溶存酸素濃度を測定し，データシートに書き込む（濁度が 75 NTU を超える場合，あるいは 1 MDS フィルターの目詰まりが予想される場合には，プレフィルターの使用が必要となる場合もある）．
5. 水を止めてから，1 MDS フィルターをつけたフィルターハウジングを，圧力調整弁の端に接続する．
6. 次に，流量メーターと流量調整弁をろ過器の下流部に取り付ける．その

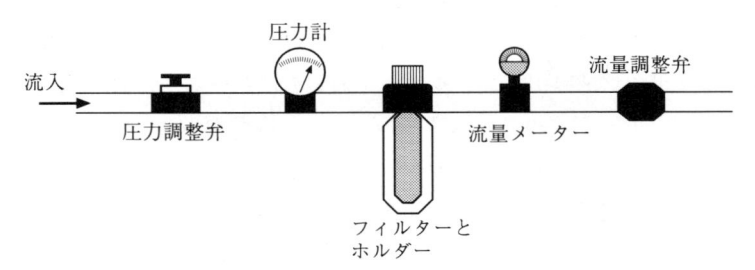

図 2.4 ウイルスと原虫サンプリング用フィルターの設置図

2.9 原虫のサンプリング

後，ゆっくりと水を流す（重要：ろ過開始時の水道メーターの読取り値を，サンプリングの日時とともに試料データシートに記入する）．
7. フィルターハウジングについている赤い排気ボタンを押して，フィルターの空気を排気する．空気がすべて排出されたならば，ボタンを緩やかに放し，ついで蛇口を全開にする．
8. 水道メーターがろ過水量 500 gal（1892.7 L）を示したならば，蛇口を閉め水を止める．ろ過終了時刻と水道メーターの読取り値を記録する．
9. 新しいラテックス手袋をつけ，フィルターハウジングをサンプリング管からはずし，ハウジング中の余剰水を排出する．
10. ハウジングを直立させ，両端を無菌ホイルでカバーする（フィルターはハウジングから取り出さないほうが好ましい）．フィルターを取り出した場合でも取り出さない場合でも，プラスチック袋に入れ，周囲を氷冷して保冷庫に入れる．
11. フィルターとホルダー（またはフィルターのみ）を実験室に運び，以後の処理に供する．

2.9 原虫のサンプリング

　腸管系原虫は大量の水から撚糸フィルターを用いて濃縮する．この種のフィルターを用いて原虫のオオシストを濃縮する場合には，有機性または無機性の粒子片による濁りが妨害することが知られている．今日関心がもたれている原虫は，*Cryptosporidiumu* spp. および *Giardia* spp. であるが，さらに *Microspordium* spp. や *Cyclospora* spp. など人の健康へのおそれのある原虫が知られるようになっている．以下に示すプロトコルは，環境中での耐性が強い *Cryptosporidiumu* spp. オオシストおよび *Giardia* spp. シストを地下水から濃縮するために考案されたものである．

【方法】
1. 初めに 2〜3 分水を流し，ポンプ内のごみ砕片を流出させる．
2. 圧力調整弁，圧力計およびフィルターホルダー（フィルターはつけずに）をサンプリング装置に接続し，装置全体に勢いよく水を流す．水圧は 30

psi を超えないようにする．水温，濁度，その他の指標値を記録する．濁度が 160 NTU 以上では，原虫用のサンプリングは不可である．
3. 装置全体がフラッシュされたら，水を止めフィルターハウジング内の水を流し出す．撚糸フィルターハウジングを装着し，すべての接続部を固く締める．逆流防止装置と流量メーターがフィルターとフィルターハウジングの下流部に接続されていることを確認する．
4. 水を流してろ過を開始する．水道メーター値および開始時刻等を記録する．
5. 少なくとも 40 gal（151.4 L）の水をフィルターに通した後，ろ過を停止する．停止時間，水道メーター値および濁度を記録する．
6. サンプリング装置をはずす．このとき，水が逆流してフィルターから粒子が失われるのを防ぐために，流入ホースの位置を流出ホース口よりも高く保つこと．
7. フィルターハウジングを開き，ホルダー中の余剰水を密閉可能なプラスチック袋に流し入れる．
8. ハウジングからフィルターを無菌的にとり，プラスチック袋に入れる．プラスチック袋の口を固く密閉する（袋が周囲のものに触れないように注意する）．
9. 直ちにこの袋を別の袋に入れ，口を密閉する．この袋には適切にラベルされていること．袋を保冷庫に入れ，周囲を氷冷する．
10. フィルターを入れた保冷庫を実験室に運び，後の試験に供する．ここで，試料を凍結させてはいけない．

●追加情報

微生物サンプリングに関するさらに詳しい情報は，American Public Health Association's publication の "Standard Methods for the Examination of Water and Wastewater"[5] および U. S. EPA publication の "ICR Microbial Laboratory Manual"[6] で得られる．どのようなサンプリングの場所でも，困難がつきものであるが，多くの場合，サンプリングの目的およびサンプリング器具を検討することにより，解決できる．

文献

1) U.S. Environmental Protection Agency (EPA). Handbook for Sampling and Sample Preservation of Water and Wastewater. Cincinnati, Sept. 1982.
2) Aller I, Bennett TW, Hackett G et al. Handbook of Suggested Practices for the Design and Installation of Groundwater Monitoring Wells. National Water Well Association, Dublin, OH, 1989.
3) American Society for Testing Materials (ASTM) D 5092-90. Standard Methods for the Design and Installation of Groundwater Monitoring Wells in Aquifers. Philadelphia, PA, 1990.
4) U.S. Environmental Protection Agency (EPA). Handbook of Practices for the Design and Installation of Ground-water Monitoring Wells. Washington DC. March 1991.
5) Clesceri LS, Eaton AD, Greenberg AE, Eds. Standard Methods for the Examination of Water and Wastewater. 19th Edition 1993. American Public Health Association. Washington, DC.
6) U.S. Environmental Protection Agency (EPA). ICR Microbial Laboratory Manual. Washington, D.C. April 1996.

付録

■地下水サンプリングに要する機材

1. 適切に洗浄，消毒，滅菌された採水機材（例えば，汲み取り採水器，グラブ採水器，ポンプ）およびディスポーザブルのラテックス手袋
2. 滅菌済み試料びん，密閉式プラスチック袋，ラベル
3. 清浄なプラスチックシート
4. ポータブル pH 計，電気伝導度計，溶存酸素濃度計，濁度計および静水位計
5. 必要であれば，井戸洗浄水を採取するための大型容器
6. 野帳

■地下水からのウイルス濃縮に要する機材

1. 逆止弁
2. 圧力計と圧力調整器
3. 1 MDS ZetaPor，Virosorb フィルター（Cuno, Inc., Meridian, CT）を収納したフィルターカートリッジハウジング．1 MDS フィルターはクラフト紙で包んで 121°C で 30 分間オートクレーブで滅菌する
4. 流量計と流量調整器（4 L/分）

5. オス/メスコネクターをつけた網入りチューブ
6. 凍結させた冷材
7. ラテックス手袋と清浄な密閉式プラスチック袋
8. 野帳
9. ポータブルpH計，濁度計，溶存酸素濃度計
10. 水温計

■プラスチック製の機材およびチューブ類の消毒法
　オートクレーブできないプラスチック製の機材（例えば，フィルターハウジングやチューブ類）の消毒は塩素処理で行う．0.1%塩素水を30分間，チューブ類に循環させるか，またはこれに浸して消毒する．処理後，塩素水を除去し，機材は滅菌水1L当り2%チオ硫酸ナトリウムを2.5mL加えた水で脱塩素する．消毒，滅菌後のチューブ類や機材の端は，試料採取前の汚染を防ぐため，アルミホイルで包んでおく．

■地下水からの原虫濃縮に要する機材
1. 公称孔径1 μm のポリプロピレン巻付け型カートリッジフィルターとLT-10フィルターホルダー（Commercial Filters Parker Hannifin Corp., Lebanon, IN）
2. オス/メスコネクターをつけた庭作業用ホースあるいはポリ塩化ビニルチューブ
3. 圧力計と圧力調整器
4. 流量調整器
5. 密閉式プラスチック袋
6. 保冷庫と凍結させた冷材
7. ディスポーザブルのラテックス手袋
8. ポータブルpH計，濁度計，溶存酸素濃度計，水温計
9. 野帳

■採水機材の消毒法
　フィルターホルダーやチューブ類は採水ごとに洗剤を含む熱水で完全に洗浄し，洗剤が残らないように水道水ですすぐ．その後，精製水ですすぎ，風乾する．

第3章
病原細菌の検出

John J. Mathewson

　水系疾患は明らかに世界中の疾病や死亡の原因の一つとなっている．米国では1991年から1992年の間に17 000人以上が水系感染によって罹患したと推定されている（Moore et al.[1]）．これらの水系感染のほとんど（76%）は汚染された地下水の摂取によるものであり，こうした水系感染症の多くは病原細菌が原因となっている．地下水はさまざまな経路で病原細菌に汚染される．一般に汚染の主要な原因は下水道システムや浄化槽からの下水の漏出であり，これによって飲用井戸が汚染される．地下水汚染に起因する疾病は重大な問題であり，地下水の細菌汚染に対する監視は重要な課題である．

　ヒトに疾病をもたらす細菌のほとんどは水によって媒介されるが，一般にはいくつかの腸管系の病原細菌が水系流行と関係している（表3.1）．これらの病原細菌は消化器系に感染するものと，消化器系以外に感染するものの二つのグループに大別される．大規模な水系流行の病因に関する文献は，腸管系病原細菌が最も一般的に認められる水系病原因子の一つであることを示唆している（Clesceri et al.[2]）．

　主に消化器系の感染を引き起こす

表3.1　水系感染する病原細菌

グループⅠ．消化器系に感染する細菌
Shigella 属
S. dysentariae
S. sonnei
S. flexneri
S. boydii
Salmonella 属
S. enteritidis
S. typhi
下痢原性大腸菌
腸管毒素原性大腸菌
腸管出血性大腸菌（血清型 O 157：H 7）
Vibrio cholerae（O 1 および O 139）
Campylobacter jejuni
グループⅡ．消化器系以外に感染する細菌
数種の抗酸菌
数種の *Legionella* 属細菌
数種の *Leptospira* 属細菌

グループを構成しているのは，腸内細菌科に属するか，あるいはそれと近縁なグラム陰性の桿菌である．*Shigella* 属（赤痢菌）の四つの種，すなわち *S. dysentariae*, *S. sonnei*, *S. flexneri* および *S. boydii* はすべて水系流行とかかわってきた．*Salmonella typhi*（チフス菌）を含む *Salmonella* 属の多くの種も水系流行を引き起こしてきている．下痢原性大腸菌の二つのタイプが地下水汚染による流行の原因として見出されている．その一つは腸管毒素原性大腸菌（ETEC）であり，もう一つは血清型 O 157：H 7 を含む腸管出血性大腸菌（EHEC）である．*Vibrio* 属のいくつかの種もよく知られた水系感染原因菌であり，最も有名なのはコレラを起こす *V. cholerae* O 1 と O 139 である．そのほかに，水系感染する一般的な腸管病原細菌として *Campylobacter jejuni* がある．

消化器系以外に感染するグループの細菌も水によって媒介される（表3.1）．抗酸菌（mycobacteria）のいくつかの種が水によって伝播されることが示されている．呼吸器感染する *Legionella* 属の細菌は，エアロゾル化した水滴によって伝播する．汚染された水浴用水は *Leptospira* の感染の原因となる．本章では，汚染された飲料水を原因とした消化器系感染を引き起こす細菌の検出を主体に述べる．

3.1　水試料からの病原細菌の検出法

公衆衛生の立場から地下水の病原細菌汚染の広がりを調べるためには，基本的には2通りの取組み方がある．すなわち，①その水が糞便で汚染されたかどうかを指標する細菌の存在を調べる方法，あるいは②水試料から特定の病原細菌を直接的に培養する方法である．

水試料中の指標細菌の存在を調べるという最初の取組み方は，水の分析を行う研究機関で最も一般的に用いられる方法である．水質に関する州および連邦の法律，規則，およびガイドラインのほとんどが，水中の指標細菌の計数に基づいている．指標微生物を用いる考え方は，これらが一般にヒトを含む温血動物の消化管内に見出され，これらが水中に存在することは，その水が最近糞便汚染を受け，あるいは糞便に暴露されたことを示している，というものである．指標細菌は，汚染されていない水に自然に存在したり，動物の消化管の外で長期間生残す

るものであってはならない．こうした指標細菌が水に多数存在するということは，その試験された水が糞便で汚染されていることを示していると考えられる．水の糞便汚染は，病原細菌が存在する可能性を著しく増大させる．この方法は，これらの指標細菌自身が病原性であることはほとんどないので，水源の微生物的安全性を間接的に調べる取組み方である．

　もう一つの方法は，水中の特定の病原体の存在を直接調べるというものである．病原細菌の存在は，水試料中の病原体を培養してその増殖の有無から調べられる．この手法は，試料中の病原体の存在をより直接に，より確定的に示すことができるが，それに伴っていくつかの問題も生じる．水中の病原細菌数は通常非常に少なく，これらの直接培養は検出感度が非常にすぐれた方法とはいえない．また，水中に存在する可能性のある病原細菌の種類は多く，それらの多くでそれぞれに異なる検出方法を用いる必要があるが，そうした検出方法は，概して指標細菌の検出方法よりも複雑である．また，水の分析を日常的に行っている多くの試験機関は，水から病原細菌を直接培養するために必要な専門的技術や機器を備えていない．

　本章では，指標細菌ならびに地下水を汚染する可能性のある最も一般的な病原細菌の検出方法について述べる．水試料中から病原細菌を検出するためにはさまざまな試験方法を用いることができるが，ここでは最も一般的な試験機関で近年用いられている手法を中心に述べる．その前提として，次のようないくつかの仮定をおくことにする．まず第一に，帯水層からの水試料の採取と試験機関への運搬は適切に行われていること．試料の採取ならびに取扱いが適切であることは，第2章で論議されているように，水の分析を最適に行うための基本である．また，基礎的な細菌学的方法が厳格に実施され，無菌的に実験操作が行われること，さらに適切な滅菌方法によって調製された培地類が用いられ，培地の性能を確認するために陽性ならびに陰性対照の培養が行われることである．

3.2　指標細菌の定量試験

　水の細菌学的安全性を調べるために2通りの方法があったように，指標細菌の検出・定量にも2通りの方法がある．すなわち，最確数（MPN）法とメンブラ

ンろ過（MF）法である．このどちらも水の糞便汚染を検出するための指標細菌の計数法として用いられる．この2通りの方法ともそれぞれに特徴的な長所をもっており，同時にいくつかの短所や限界がある．おのおのの指標細菌について，この2通りの方法によって得られた結果は，本質的には同等である．MF法は概して簡便であり，一度に多くの試料を処理することができるため，水試料を日常的に分析する試験機関では一般的な手法となっている．多くの機関，とりわけ調査業務を行うところではMPN法を用い続けている．MF法は比較的実施が容易かつ安価であることから，本節では以後この方法に関して述べる．指標細菌検出のためのMPN法についての詳細は "Standard Methods for the Examination of Water and Wastewater" を参照されたい（Clesceri et al.[2]）．

（1） 大腸菌群（total coliforms）

大腸菌群と称される広範囲な細菌群は，温血動物の消化管にあまねく分布しており，その代謝特性に基づいて定義されている．大腸菌群は腸内細菌科（Family Enterobacteriaceae）に分類されているいくつかの属，すなわち *Escherichia*，*Klebsiella*，*Enterobacter*，*Citrobacter*，その他の属の細菌で構成されている．大腸菌群は，通性嫌気性のグラム陰性桿菌で，35℃において乳糖を発酵的に分解して酸とガスを生成し，チトクロームオキシダーゼ陰性である．大腸菌群の細菌は，そのほとんどがほ乳類と鳥類の消化管に基本的に由来するが，*Klebsiella* のいくつかの種で最もよく知られているように，大腸菌群のうちのあるものは環境中にも広く見出されている．この事実は，水の糞便汚染指標としての大腸菌群の適用に対する制限要因となっている．

メンブランフィルター法による大腸菌群の計数では，一定量の検水を市販のろ過装置を用いてメンブランフィルターでろ過し，大腸菌群の細菌をフィルター上に捕捉する．その後，フィルターをろ過器から取りはずし，シャーレ内の特定の培地上におく．これを35℃で一昼夜培養し，ろ過によって捕捉された細菌から増殖したコロニー数を計数する．

【試料水量】

ろ過する水量は予想される菌数によって異なる．通常，飲料水のようにわずかな大腸菌群しかいないと考えられる試料では，100 mLをろ過する．下水で汚染

されているなど，汚染の度合いが大きいと思われる場合は，メンブランフィルターでろ過する前に希釈するのが通例である．ろ過水量を選ぶときの目標としては，正確な計数値が得られると考えられる最大値として全出現コロニー数で 200 未満，また典型的な大腸菌群コロニーで 80 未満となるフィルターが得られるように設定する．そのため，試験しようとする水の通常の大腸菌群数についてのこれまでの計数値を参考にしてろ過水量を選定することになる．あるいは，10 倍希釈（または 10 倍量）のシリーズ（100 mL，10 mL および 1 mL）を処理して，その中から計数可能なコロニー数となったフィルターを選ぶという方法もある．どのような水量で試験するにせよ，試験結果は常に試料水 100 mL 当りの大腸菌群数として表示する．

【方法】
1. 滅菌ろ過器を用いて試料水をメンブランフィルターでろ過する．
2. 先端が幅広なピンセットを 70%アルコールに浸した後，火炎をくぐらせて滅菌し，これを用いてろ過済みのフィルターをろ過器から注意して取りはずす．
3. 直径 47 mm のシャーレに入れた滅菌済みの M-Endo 培地（付録を参照）の表面にフィルターをおき，35℃で 24 時間培養する．

【判定】
M-Endo 培地を用いて 35℃で 24 時間の培養後に出現したコロニーのうち，赤色で金色（金属）光沢のあるコロニーを大腸菌群と判定する．光沢を有する部分はコロニーの全体から一部までとさまざまである．こうした特徴をもつ典型的なコロニーを計数すべきである．フィルター当りの理想的なコロニー数は，全コロニー数で 200 未満，典型的な大腸菌群で 80 未満である．コロニー数が 200 を超えるようになると，大腸菌群の光沢の発現を妨害する．計数結果は試料水 100 mL 当りの大腸菌群数として表示する．希釈した場合は，希釈係数を乗じた値を結果として報告する．

（2） 大腸菌群の確認

M-Endo 培地上で大腸菌群と推定されたコロニーは，大腸菌群であることを確認しておかなければならない．おのおののフィルターごとに少なくとも 10 コ

ロニーについて確認が必要である．確認方法はいろいろあるが，最も迅速な方法はそれぞれのコロニーについてチトクロームオキシダーゼ試験と β-ガラクトシダーゼ試験を行うことである．大腸菌群であればオキシダーゼ陰性，β-ガラクトシダーゼ陽性である．これらの試験は市販品で実施できるし，時間も1分とかからない．

（3） 糞便性大腸菌群（fecal coliforms）

糞便性大腸菌群は大腸菌群を構成するサブグループの一つである．このサブグループの細菌は水の糞便汚染をより正確に表す指標と考えられている．糞便性大腸菌群は大腸菌群としての特徴を備え，より高温の44.5℃でM-FC培地に生育できる．こうした細菌群を指標とした場合は，糞便汚染とは無関係に存在する大腸菌群，あるいはまた温血動物の消化管外の環境で生残する大腸菌群がより排除された結果が得られると考えられる．

【方法】

糞便性大腸菌群の試験方法は大腸菌群のそれと極めて類似している．試料水を希釈する場合は，フィルター当り20〜60個の糞便性大腸菌群のコロニーが得られるようにする．フィルター，ろ過器，ろ過方法などは大腸菌群と同じであり，主な相違点は使用する培地と培養温度である．

1. 適当量の試料水をメンブランフィルターでろ過し，このフィルターをM-FC液体培地（付録を参照）を含ませた滅菌パッドの上にのせる．M-FC液体培地はロゾール酸を添加した乳糖培地であり，粉末で市販されている．この培地は最も一般的には液体培地として調製し，滅菌した吸収パッドに含ませて使用するが，吸収パッドの代わりに1.5%の寒天を加えて固形培地としたものを用いてもよい．

2. 培養温度はこの方法の根本的な要素であり，44℃（±0.2℃）で24時間培養する．この温度条件を厳しく保持するため，通常の空気対流型培養庫よりも温度変動の少ないウォーターバス中で培養する．M-FC培地にのせたフィルターを納めたシャーレを密封するか，プラスチック製の水密バッグにこれらのシャーレを入れてウォーターバス中に沈める．

【判定】

培養後，それぞれのプレート上の糞便性大腸菌群のコロニー数を数える．糞便性大腸菌群はM-FC培地上で青色のコロニーとして現れる．糞便性大腸菌群以外のコロニーは大部分がクリーム色から灰色である．確定試験によって典型的な糞便性大腸菌群コロニーと判定する．

【コロニーの確認】

大腸菌群の確認と同じ方法で行う．糞便性大腸菌群についても試料水 100 mL 当りのコロニー数として計数結果を表示する．

（4） 大腸菌（*Escherichia coli*）

大腸菌は糞便性大腸菌群を構成する主要な細菌種の一つであり，水の糞便汚染の指標としてより望ましく，特異的であると提案されている．本菌は温血動物の消化管内にほとんど常に存在する．大腸菌は環境中に自然に存在することはない．水中で短期間生残することはあっても，増殖はしない．大腸菌は β-グルクロニダーゼをもつ大腸菌群の細菌と定義され，これによって特異的に検出される．この酵素は 4-メチルウンベリフェリル-β-D-グルクロニド（MUG）を基質として加水分解するため，MUGを含む培地で大腸菌を培養すると β-グルクロニダーゼによってMUGから蛍光物質（メチルウンベリフェロン）が生じる．この蛍光物質の存在は，コロニーに紫外線を照射することで検出できる．

【方法】

MUG試験は，一般にメンブランフィルター法で大腸菌群試験が陽性となったフィルターを用いて行う．

1. 大腸菌群を確認した後，M-Endo培地からメンブランフィルターをはがし，MUGを含む普通寒天を入れた 47 mm シャーレに移す．MUGを含む普通寒天は粉末製品あるいは調製済み培地として市販されている．
2. このプレートを 35°C±0.5°C で 4 時間培養する．
3. 長波長の紫外線をプレートに照射し，青色の蛍光を発するコロニーを大腸菌とする．

（5） 糞便性連鎖球菌（fecal streptococci）

ランスフィールドD群（Lancefield group D）に属する連鎖球菌は糞便性連鎖球菌と呼ばれ，これのサブグループが糞便性腸球菌である．糞便性連鎖球菌はグラム陽性の球菌であり，表流水やレクリエーション用水の糞便汚染の指標として用いられるが，地下水の研究にはあまり用いられない．糞便性連鎖球菌はヒトやその他の温血動物の消化管内に生育する *Streptococcus* 属の数種で構成されている．一時期，糞便性連鎖球菌はヒトよりも動物の消化管に多いと考えられた．そのため，糞便性連鎖球菌数に対する糞便性大腸菌群数の比が，水の糞便汚染がヒト由来か動物由来かを区別する指標になると信じられた．現在では，糞便性連鎖球菌がかつて考えられていた以上に一般的にヒトに存在することが知られており，もはや汚染源の判定にこの比を用いる研究者はほとんどいない．糞便性連鎖球菌の検出にはMPN法とメンブランフィルター法があり，詳細は"Standard Methods for the Examination of Water and Wastewater"を参照されたい（Clesceri et al.[2]）．

3.3　水試料中の病原細菌の直接検出法

地下水試料の細菌分析に対する二つめの取組み方は，特定の病原細菌を培養して検出するというものである．指標細菌を用いる方法と異なり，病原細菌が直接証明されれば，その水が公衆衛生上安全でないことの決定的な証拠となる．

すでに述べたように，病原細菌は水中に非常に低濃度でしか存在しないので，陰性の培養結果の有意性が疑問視されることがある．通常，培養法で病原細菌を検出する可能性を高めるため，試料中に検出しようとする病原細菌の濃度を増大させる処理が行われる．そのための方法は基本的に2通りある．その一つは大量の水をろ過して生物をフィルター上に濃縮して培養する方法であり，もう一つは選択的な増菌培地を用いて目的の細菌を増やす方法である．病原細菌を検出する機会を高めるため，しばしば，この濃縮と増菌の両方の技術が併用される．水中の病原細菌を検出するうえでのもう一つの難しさとして，病原細菌ごとにそれぞれ異なる分離ならびに同定手法を必要とするという点がある．水中の病原細菌の検出方法は通常，臨床分野でそれぞれの病原細菌に対して用いられている検出方

法を改変したものである．これらの方法はそれぞれに異なっているが，それらにはいくつかの共通したステップがある．水中の病原細菌は，まず最初に濃縮あるいはまた増菌処理によってその数を増加させなければならない．ついで，培養によって単独コロニーを形成させる．これには通常，選択平板培地が用いられる．目的細菌と疑わしいコロニーは一般にその代謝特性に基づいて同定され，病原細菌と同定されたものについて，確認試験が施される．下痢原性大腸菌のようないくつかのケースでは，さらに特定の毒素産生能について証明する必要がある．

　本節では，腸管感染を引き起こす最も一般的な水系感染病原細菌の分離ならびに同定方法について概説する．水から病原細菌を直接分離および同定するための方法は，広範囲にさまざまなものがある．特定の培地や生化学的同定試験，および血清学的方法などの詳細については，米国微生物学会（American Society of Microbiology）の"Manual of Clinical Microbiology"（Murray et al.[4]）を参照されたい．

（1）　サルモネラ（*Salmonella*）と赤痢菌（*Shigella*）

　腸内細菌科には，サルモネラ（*Salmonella* spp.）や赤痢菌（*Shigella* spp.），下痢原性大腸菌などのいくつかの重要な水系感染性の病原細菌が含まれている．水からこれらの腸管病原細菌を検出することは，公衆衛生上重要な意味がある．これらのグラム陰性病原細菌の検出法は，基本的には同一であることから，サルモネラと赤痢菌の分離および同定法についてまとめて述べる．腸管毒素原性および腸管出血性大腸菌の検出法については次節で述べる．

　水からサルモネラと赤痢菌を分離するためには，菌の濃縮および増菌処理が一般に行われる．濃縮方法としては，珪藻土ろ過や綿吸着法などを含めてさまざまな方法が用いられるが，地下水は通常低濁度であるため，メンブランフィルターによる濃縮法が推奨される．

【方法】
1. 大量の試料水を孔径 $0.45\,\mu m$ のメンブランフィルターでろ過する．ろ過水量は数リットルであるが，試料水の濁度によってろ過水量が制限される．濁度の高い試料でろ過水量を増やすためには複数のフィルターを用いる．

2. ろ過したフィルターを 50 mL の増菌培地すなわち亜セレン酸-F-培地に移し，35℃で一晩培養する．亜セレン酸-F-培地は赤痢菌やサルモネラ（チフス菌を含む）の回収に有効である．
3. 培養後，増菌した培養液を選択培地および鑑別用培地に接種する．マッコンキー寒天培地や Hektoen Enteric 寒天培地が用いられるが，XLD 培地で Hektoen Enteric 寒天培地の代用をすることもできる．もし，チフス菌の存在が疑われる場合は，ビスマス亜硫酸寒天培地に接種する．これらの培地は 35℃で 18〜24 時間培養する．
4. マッコンキー寒天培地や Hektoen Enteric 寒天培地（または XLD 培地）に発育した乳糖非発酵性のコロニーをすべて拾い上げ，同定試験に移る．サルモネラは通常 HE 寒天培地や XLD 培地上で硫化水素を生成する．ビスマス亜硫酸寒天培地上に生育した黒色コロニーについてはチフス菌の確認を行う．
5. 選択培地および鑑別用培地に増殖した推定コロニーを，TSI（triple sugar iron）寒天斜面培地，LIA（lysine iron agar）斜面培地，SIM（sulfide-indole-motility）培地などの予備的生化学同定試験培地類に接種する．
6. これらを 35℃で一晩培養する．またチトクロームオキシダーゼ試験も行う．

表 3.2 は，サルモネラおよび赤痢菌の同定のためのそれぞれの培地での反応を示したものである．生化学試験によってサルモネラあるいは赤痢菌と考えられる株は，市販の抗血清凝集試験によって確定する必要がある．サルモネラは多価サルモネラ抗血清によるスライド凝集試験を行う．多価抗血清試験で凝集する株に

表 3.2 水系感染性腸管病原細菌の生化学的同定表

細菌	TSI 培地での増殖反応	LIA 培地での増殖反応	SIM 培地での増殖反応	オキシダーゼ
Salmonella	赤/黄，ガス，H_2S	紫/紫，H_2S	＋－＋	陰性
S. typhi	赤/黄，H_2S	紫/紫，H_2S	＋－＋	陰性
Shigella	赤/黄	紫/黄	－－/＋－	陰性
E. coli	黄/黄，ガス	紫/紫	－＋＋	陰性
Vibrio cholerae	赤/黄，ガス	紫/紫	－＋＋	陽性

ついては，必要であれば，サブグループを決定するためにそれぞれのサブグループに対する抗血清試験を行う．もしチフス菌が疑われる場合は，サルモネラD群およびVi群抗血清で凝集するはずである．生化学的に赤痢菌と同定される株については，赤痢菌の多価抗血清が市販されていないため，4種類の赤痢菌抗血清による凝集試験を行う必要がある．

（2） 下痢原性大腸菌（diarrheagenic *Escherichia coli*）

　水系感染症の流行に関係する下痢原性大腸菌には，腸管毒素原性大腸菌（ETEC）と腸管出血性大腸菌（EHEC）の二つのタイプがある．水からこれらの病原大腸菌を検出するためには，まず水から大腸菌を分離し，これらの大腸菌株が特定の毒素産生能をもつか，あるいは毒素産生能をコードする遺伝子をもっているかどうかを示さなければならない．ETECの場合，エンテロトキシン産生遺伝子が検索される．EHECの場合は，血清型O157：H7あるいは志賀様毒素遺伝子を検索する．大腸菌の分離と同定にはMUG試験の変法が用いられる．

【方法】
1. 試料水をメンブランフィルターでろ過し，このフィルターをMUGを含む普通寒天にのせてMUG試験を行う．
2. 35℃で18～24時間培養する．
3. 長波長の紫外線をプレートに照射し，特徴的な青色の蛍光を発するコロニーを大腸菌とする．

　腸管毒素原性大腸菌（ETEC）は，エンテロトキシン産生の有無によって非病原性の大腸菌と区別される．ETECは2種類の異なった毒素，すなわち非耐熱性毒素（LT）と耐熱性毒素（ST）を産生する．さらにSTの二つのタイプ，STh（ST-ヒト毒素）とSTp（ST-ブタ毒素）がヒトの疾病と関係している．これらのST毒素は非常に類似しているが，その構造やそれをコードする遺伝子の配列にわずかに違いがある．ETECにはSTのみ，LTのみ，そしてSTとLTの両方を産生する株がある．ETEC株の最も一般的な検出方法は，LTとSTに対するオリゴヌクレオチドプローブを用いたコロニーハイブリダイゼーション法である[4]．SThとSTpには異なるプローブがあり，通常は混合して用いられるが，別個に用いることもある．これらのプローブは放射性同位体あるいは

非放射性の化合物で標識され,ハイブリダイズしたコロニーの検出に用いられる.

水系感染症の流行において最も一般的に見出される EHEC は血清型 O 157：H 7 である．この株は通常，マッコンキーソルビトール培地上で培養した後，血清型を決定することで，非病原性の株と区別される．血清型 O 157：H 7 はソルビトール修正培地上で無色のコロニーを生ずる．血清型の決定は，菌体細胞抗原 (O) の O 157，および鞭毛抗原（H）の H 7 に対する凝集試験によって行われる．これらの抗血清は市販されている．これ以外の EHEC の菌は志賀様毒素に対するオリゴヌクレオチドプローブによって検出されるが，これらは水試料から頻繁に検出されるものではない．

(3) コレラ菌（*Vibrio cholerae*）

コレラ菌（*Vibrio cholerae* O1）はコレラの原因菌であり，これらが水に存在することは公衆衛生上重大な問題である．本菌は分離培養，生化学的同定および血清学的確定によって検出される．

【方法】
1. 試料水量は試験される水のタイプに応じて適切な量とするが，少なくとも 1 L 以上とする．これらの水は 0.45 μm メンブランフィルターでろ過して濃縮する．
2. ろ過したフィルターを無菌的にアルカリペプトン水（APW）（付録を参照）に移し入れ，35°C で 6〜8 時間培養する．これよりも長時間の培養は混在細菌の過剰な増殖を招く結果となる．
3. この短時間の培養後，APW の一定量ずつを TCBS 寒天培地（付録を参照）に画線する．
4. TCBS 寒天培地を 35°C で 18〜24 時間培養する．*Vibrio cholerae* は TCBS 寒天培地上で黄色の大型のコロニーを形成する．典型的なコロニーを釣菌し，サルモネラと同様の方法で生化学試験によって同定する．*Vibrio cholerae* の典型的な反応は表 3.2 に示されている．*Vibrio cholerae* と同定された分離株は，コレラ菌（*Vibrio cholerae* O 1）抗血清による凝集試験を行う．

（4） カンピロバクター ジェジュニ（*Campylobacter jejuni*）

カンピロバクター（*Campylobacter jejuni*）は最近になって水系感染病原細菌として認められたものであるが，増殖条件の厳しさから検出は困難であった．カンピロバクターは微好気的環境（5% O_2）を要求し，増殖条件が複雑である．

【方法】

1. 水試料をメンブランフィルターでろ過する．可能であれば分離の可能性を高めるために数リットルをろ過する．
2. フィルターをカンピロバクターの選択培地として5種類の抗生物質を添加した血液寒天（Campy-BAP）の上におく．この培地には Skirrow あるいは Blazer 抗生物質添加剤が用いられている．この培地は市販されている．
3. このプレートを微好気的環境が保てる特別の培養庫で，42°Cで48時間培養する．修正法としては，フィルターを同じ条件で増菌培地（抗生物質と1.5%ウシ胆汁酸を加えた Campy-チオグリコレート培地）中に培養し，その後，Campy-BAP 上に塗抹して再び 5% O_2 中で 42°C，48時間培養する方法がある．
4. 典型的なコロニーは Campy-BAP 上で不透明で粘性がある．これらをグラム染色と形態観察，およびチトクロームオキシダーゼ陽性，カタラーゼ陽性によってカンピロバクターと確認する．

●追加情報

飲料水や廃水試料からの病原細菌の検出や同定に関するその他の情報は，米国公衆衛生協会（American Public Health Association）の "Standard Methods for the Examination of Water and Wastewater"[2] や米国微生物学会（American Society of Microbiology）の "Manual of Clinical Microbiology"[3] から得ることができる．特定の病原細菌を検出するために用いられる遺伝子プローブのDNA配列や実験手法に関する情報は，"Diagnostic Molecular Microbiology"[5] に記載されている．

第3章　病原細菌の検出

文献

1) Moore AC, Herwaldt BL, Craun GF et al. Surveillance for waterborne outbreaks—United States, 1991-1992. MMWR CDC Surveillance Summaries. 1993; 45:1-22.
2) Clesceri LS, Eaton AD, Greenberg AE. In: Standard Methods for the Examination of Water and Wastewater. Clesceri LS, Eaton AD, Greenberg AE, eds. 19th Ed. Washington DC: American Public Health Association. 1997.
3) Murray PR, Baron EJ, Pfaller MA et al. In: Manual of Clinical Microbiology. Murray PR, Baron EJ, Pfaller MA et al, eds. 6th Ed. Washington, DC: American Society for Microbiology, 1995.
4) Murray BE, Mathewson JJ, DuPont HL, Hill WE. Utility of oligodesoxyribonucleotide probes for detecting enterotoxigenic *Escherichia coli*. J Infect Dis 1987; 155:809-11.
5) Persing DH, Smith TF, Tenover FC et al, eds. Diagnostic Molecular Microbiology-Principles and Applications. Washington DC: American Society for Microbiology, 1993.

付録

■病原微生物の培養に要する機材および培地

1. メンブランフィルター：大腸菌群計数法に用いるメンブランフィルターは孔径 0.45 μm で直径 47 mm のものであること．無地あるいはグリッド入りのもので，滅菌済みのものを購入するか，またはオートクレーブで滅菌してから用いる．いくつかの会社（例えば Gelman Sciences, MI）から簡単に入手できる．
2. ろ過器：一般に市販されており，鉄製，ガラス製あるいは耐熱プラスチック製のもの．使用前にアルミホイルで包んで滅菌する．
3. M-Endo 寒天培地（Endo 寒天培地，LES）：大腸菌群の分離と計数に用いる．固形寒天培地あるいは滅菌した吸収パッドに含ませる液体培地として調製する．固形，液体のどちらの M-Endo 培地も，粉末あるいは生培地として入手できるが，新しいロットごとに性能を確認しておく．
4. M-FC 液体培地：水中の糞便性大腸菌群の培養およびメンブランフィルター法による大腸菌群の計数に用いる．大腸菌および糞便性大腸菌群は 44℃ で典型的な青色のコロニーを形成する．調製済みのものが市販されている．
5. 亜セレン酸-F 液体培地：サルモネラの分離と培養に用いられ，*Shigella* 属

やチフス菌を含む *Salmonella* 属を検出することができる．調製済みの粉末培地が市販されている．

6. マッコンキー寒天培地：乳糖発酵性に基づいて大腸菌群と腸管系病原細菌の選択分別培地として用いられる．乳糖発酵性の菌は赤色あるいは桃色のコロニーを形成する．乳糖非発酵性のものは無色あるいは透明なコロニーとなる．調製済みのものが市販されている．
7. Hektoen Enteric 寒天培地：乳糖あるいはショ糖発酵能と硫化水素産生能に基づくグラム陰性腸内細菌（サルモネラおよび赤痢菌）の分離に用いられる．乳糖あるいはショ糖発酵能をもつものは黄色あるいは橙色のコロニーとなり，硫化水素産生能をもつものはコロニーの中央部が黒色となる．
8. XLD（xylose lysine deoxycholate）寒天培地：赤痢菌などの腸管系病原細菌の分離および分別培地として用いる．キシロース/乳糖/ショ糖非発酵性のものは赤色コロニーとなる．キシロース発酵性でリジンを脱炭酸するものでは赤色コロニーとなるが，キシロース発酵性でリジンを脱炭酸しないものでは黄色コロニーとなる．乳糖あるいはショ糖発酵性のものは同様に黄色コロニーとなる．粉末調製品が市販されている．
9. ビスマス亜硫酸培地：チフス菌およびその他の腸内細菌の分離と検出に用いられる．チフス菌のコロニーは，平坦で，黒色金属光沢のある周縁帯を伴った黒色コロニーを形成する．
10. TSI（triple sugar iron）寒天培地：乳糖，ショ糖およびブドウ糖発酵能と硫化水素産生能に基づく腸内細菌科の分別に用いられる．市販されている．
11. LIA（lysine iron）寒天培地：リジン脱炭酸性と硫化水素産生能に基づく腸内細菌科の分別に用いられる．リジン脱炭酸性のものは培地を紫色にし，硫化水素を産するものは黒色コロニーとなる．
12. SIM（sulfide-indole-motility）培地：硫化水素およびインドール産生能と運動性の有無に基づく腸内細菌科の分別に用いられる．市販されている．
13. TCBS（thiosulfate citrate bile salts sucrose）寒天培地：コレラ菌および *Vibrio parahemolyticus* の選択分離に用いられる．市販されている．
14. アルカリペプトン水（APW）：1%塩化ナトリウム，1%ペプトン，pH 8.4

第4章
エンテロウイルスおよびバクテリオファージの検出

Morteza Abbaszadegan and Scot E. Dowd

　腸管系ウイルスは，感染者の糞便とともに排出され，飲料水に混入する可能性がある．これらのウイルスは，感染者の糞便1g当り 10^6〜10^9 もの高濃度で排出される．腸管系ウイルスには，エンテロウイルス，ロタウイルス，ノーウォークあるいはノーウォーク様ウイルス，アデノウイルス，レオウイルスなどがある．米国の表流水および地下水は，下水処理場の放流水，浄化槽のような個別廃水処理施設からの排水，都市，農耕地および自然地域からの流出水，ならびに地下埋立て式ごみ処分場からの浸透水などさまざまな汚染源から糞便汚染を受ける．表流水および地下水が汚染されている証拠は，表流水と地下水から腸管系ウイルスが検出されることと，飲料水起因のウイルス感染事例があることである．例えば，1971年から1985年の間に，502件の飲料水起因感染事例が米国で発生し，患者数は111 228人に及んだ．このうち，49%は地下水が汚染源であり，51%は表流水が汚染源であった（Craun[1]，Craun[2]）．また，報告されている事例の9%が腸管系ウイルスによるものであった（A型肝炎ウイルス，ノーウォークウイルスおよびロタウイルス）（EPA[3]）．病因物質が確定されていない飲料水起因事例の多く（報告されている事例の半数）は，ウイルス性であると考えられる．その理由は，ウイルスが原因であるにもかかわらず，検査方法が限られているためウイルスが検出されない可能性があることである．

　エンテロウイルス（ポリオウイルス，コクサッキーA群，B群ウイルス，エコーウイルス）は，胃腸炎から心筋炎，そして無菌性髄膜炎に至るさまざまな疾病の原因となる（Melnick[4]）．多くの研究によって，水道原水とまれではあるが浄水（Keswick et al.[6]），下水（Payment[7]）および下水汚泥（Craun[8]）にエンテロウイルスが混入していることが判明している．環境中にエンテロウイルスが

第4章 エンテロウイルスおよびバクテリオファージの検出

存在すると，汚染水を介してウイルスがヒトに糞―口感染し（Craun[8]），少数例ではあるがヒトに感染症を起こす可能性があるので，公衆衛生上のリスクとなる．

バクテリオファージは，細菌に感染し，細菌の細胞を増殖宿主として利用するウイルスである．大腸菌ファージは，大腸菌群の細胞に感染するバクテリオファージである．バクテリオファージは，感染様式によってグループ分けされている．オス特異（F-特異とも呼ばれる）バクテリオファージは，繊毛と呼ばれる短い髪の毛状の突起に付着するが，菌体吸着バクテリオファージは，細菌の細胞壁に直接付着する．このような髪の毛状の突起をもっていない細菌に対して，オス特異バクテリオファージは感染できない．最近の研究で，オス特異（F-特異）バクテリオファージは，腸管系ウイルスと，大きさ，形状，環境中での挙動が似ていると考えられている（Sobsey et al.[9]）．加えて，エンテロウイルスよりも環境中での耐性が高く，消毒に対する抵抗性も強いため，ウイルスの指標として使用できる．特筆すべき点は，環境試料からの大腸菌ファージの検出は，比較的安価でかつほとんどの水質検査機関の能力で実施可能であることである．凝集処理によって除去されることもエンテロウイルスと同様である（Abbaszadegan et al.[10]）．淡水中でのF-特異RNAバクテリオファージと腸管系ウイルスの挙動に強い相関関係があることも報告されている（Havelaar et al.[11]）．

本章では，培養法によって水試料からウイルスとバクテリオファージを検出する方法について詳細に記述した（地下水の採取と処理方法については第2章に記載した）．

4.1 腸管系ウイルスの検出

環境材料から腸管系ウイルスを検出する従来の方法は，数種の培養細胞に依存している．Buffalo Green Monkey（BGM）腎細胞が，環境中のエンテロウイルスの検出に多用されている（Dahling et al.[12]）．この細胞は，エンテロウイルスの野外株に対する感受性が高い点で他の細胞よりすぐれている（Dahling and Wright[13]）．その感受性は，細胞の酵素による前処理でより高くなる（Smith and Gerba[14]）．細胞培養法によって環境材料から感染性ウイルスを検出するこ

とはできるが，他の方法を用いなければ検出できない特殊なウイルスもある．関連する試薬や材料については付録に記載した．

（1） 検体処理
A） フィルターからのウイルス誘出
1. オートクレーブしたビーフエキストラクト－グリシン溶液を用いてフィルターの誘出処理を行う（付録を参照）．ビーフエキストラクト溶液1Lを1MDSフィルターを装着したフィルターハウジングに注入し，フィルターを15分間浸漬させる．
2. 溶液を窒素（N_2）ガスあるいは高圧空気によって加圧し，溶液を滅菌した2Lのビーカーに移す（圧力源が実験室の配管空気またはポンプの場合は，オイルフィルターが装着されていなければならない）．
3. ビーカーに集めた誘出液をフィルターハウジングに戻し，再度陽圧をかけて溶液をフィルターに通す．
4. 1M HClを用いて，溶液のpHを7.1～7.3に下げ，滅菌マグネットを用いて15分間撹拌する．
5. 誘出液40mLと4mLのグリセロールを混合し，バクテリオファージ試験まで－80℃に保存する．さらに100mLの誘出液を－80℃に保存する．

B） 凝集法によるウイルスの再濃縮
1. 誘出液（上述）を－20℃で保管するか，pH 3.5に調整して15分間撹拌する．
2. この溶液を4 000×g，4℃で30分間遠心分離する．得られた沈渣を0.15Mの$Na_2HPO_4 \cdot 7H_2O$（pH 9.4）溶液で再懸濁させ，50mLの遠心管に移す．
3. pHを7.2に調整し，0.15M $Na_2HPO_4 \cdot 7H_2O$（pH 7.2）を加えて15mLにする．
4. 溶液に等量のフレオン（Fisher Scientific, Pittsburgh, PA あるいは Aldrich Chemical, Milwaukee, WI）を加え，2分間撹拌し，2 700×gで10分間遠心分離する．
5. 水溶性の上澄み部分を50mLのチューブに移し，0.15M $Na_2HPO_4 \cdot 7H_2O$

(pH 7.2) を加えて 30 mL にし，細胞培養試験に供するまで－80℃に保存する．

（２） 細胞培養法

1. Buffalo Green Monkey（BGM）腎細胞（BGM 細胞）を，アールの塩類溶液であるイーグル最小必須培地（Irving Scientific, Irving, CA）に 10％のウシ胎児血清（Sigma Chemical, St. Louis, MO）を添加した培地を用いて 25 cm² および 75 cm² のプラスチックフラスコに単層培養する．維持培地には，抗生物質および抗真菌剤として 100 単位/mL のペニシリン，100 μg/mL のストレプトマイシンおよび 0.25 μg/mL のアンホテリシン B（BRL Life Technologies, Gaithersburd, MD）を添加する．
2. 本試験の前に，25 cm² のフラスコに培養した BGM 細胞に濃縮物 1 mL を接種して，単層細胞を 1 週間観察し，培養細胞に対する毒性および細菌の混入がないことを確認する．細胞毒性が認められた場合は，0.15 M のリン酸ナトリウム（pH 7.0〜7.5）で 1：3 に希釈したものを本試験に用いる．細菌の混入が認められた場合は，濃縮物を 1.5％のビーフエキストラクト 10 mL を通しておいた 0.22 μm のフィルターでろ過する．
3. 検体接種前に増殖液を除去し，単層細胞を Tris の緩衝生理食塩水（Sigma Chemical Co., St. Louis, MO）で 2 回洗浄する．
4. おのおのの検体は，最終濃縮物 3 mL を 1 枚の 75 cm² フラスコに，合計 4 枚のフラスコに接種する．このように各検体とも最終濃縮物を合計 12 mL 試験する．
5. フラスコを 37℃で 60 分間培養し，15 分ごとに振とうさせてウイルスを細胞に吸着させる．
6. イーグル最小必須培地（Irving Scientific）に 2％のウシ胎児血清（Sigma Chemical）と 1 mL のゲンタマイシン（50 μg/mL）を添加して維持液を調整する．
7. フラスコを 37℃で培養し，14 日間にわたって毎日ウイルス性の細胞変性効果（CPE）の有無を観察する．ウイルス性の CPE が疑われるフラスコは，培地交換をした新しい BGM 単層細胞に継代して CPE を確認する．

8. 1代目でCPE陰性であったすべての検体は，BGM細胞に再度継代する．CPEを示したすべての検体は，さらに2代BGM細胞に継代してCPEを確認する．

4.2 バクテリオファージの検出

エンテロウイルスの細胞培養に加えて，同じ濃縮検体でバクテリオファージの試験が可能である．試験方法は，試料水の量に依存する．少量の水試料からのバクテリオファージの直接試験や濃縮試料（例：1～10 mLに濃縮した地下水試料）からのバクテリオファージ試験には，寒天重層法が用いられる．地下水500～1 000 mLを濃縮するにはフィルター法（Sobsey[9]）を用い，フィルターを直接検査してバクテリオファージを評価する．最近の報告では，1 MDSフィルターからウイルスを誘出するのに用いる高pHの緩衝液がバクテリオファージに損傷を与える可能性があることから，地下水中のバクテリオファージをモニタリングするには，メンブランフィルター法がすぐれていることが示唆されている．地下水中のバクテリオファージの検査には，下記のプロトコルが使用できる．

（1）　直接寒天重層法

試験方法の基本は，高濃度の宿主菌を含む溶解した軟寒天培地を，下層寒天培地に重層することである．この宿主菌を含む軟寒天培地に適量のバクテリオファージが含まれている可能性がある水試料を添加する．試料中のウイルス粒子（存在していれば）の周辺に溶菌斑ができる．それぞれの溶菌斑がプラック形成単位（PFU）であり，それぞれのPFUは，宿主菌に感染した単粒子のバクテリオファージによって形成されると推定される．

【方法】
1. ファージ試験を行う前日に，グリセロール保存してある宿主菌の培養を開始する．保存菌株の1白金耳を30 mLの液体培地に移植する．37℃で強く振とうさせながら1晩培養する．試験当日に1晩培養した培養液1 mLを25 mLの新鮮液体培地に移植し，振とうさせながら37℃で4時間培養する．

第 4 章　エンテロウイルスおよびバクテリオファージの検出

2. 全量で 10 mL の pH 7.2 のフィルター誘出液を，バクテリオファージ試験に供する．それぞれの試料について，4 時間培養した菌液 0.1 mL と誘出液 5 mL を 4 mL の加温寒天（48℃）に添加する．この混合物を短時間撹拌し，下層寒天培地に重層する．
3. プレートを裏返して 37℃で 1 晩培養し，翌日プラック形成の有無を確認する．
4. 可能であれば，それぞれの試料について 3 回以上繰り返し試験を行い，また，それぞれの希釈濃度で 3 枚の平板を用いた試験を行い，培養法と試料間の平均値と標準偏差が得られるようにする．
5. プレートを 37℃で 12〜18 時間培養して結果判定をする．プラックが 3 ないし 300 プラック出ているプレートについて計数する．300 以上のプラックが認められるプレートは，「過剰による計数不能 Too Numerous To Count（TNTC）」ということにする（多くの場合，地下水に混入している細菌が宿主菌層で増殖し，計数時の妨害となる．この問題は，あらかじめ，1.5％ビーフエキストラクトを含む 0.05 M グリシン溶液で湿らせておいた 0.45 μm 孔径のメンブランフィルターを用いて地下水をろ過することで解決できる）．

　陽性対照（positive controls）：バクテリオファージの試験を行う際には，必ず陽性対照をとる必要がある．陽性対照は，宿主菌が検出目的のバクテリオファージに対して感受性があるか否かを確認することと，試験方法が適切であるか否かの確認目的に用いる．この目的のために，ウイルス懸濁液（ウイルス粒子 300〜1 000/mL に調製）0.1 mL を宿主菌を含む軟寒天培地に添加する．混合物を軽く撹拌して TSA プレートの表面に流し込み，このプレートを培養する．

　陰性対照（negative controls）：プラック形成を行う際には，必ず陰性対照をとる．陰性対照は，宿主菌が試験過程でウイルスによる汚染を受けていないことを確認するために用いる．この目的のために，宿主菌 0.2 mL を軟寒天培地を含む試験管に添加し，軽く撹拌して TSA プレートに流し込み，このプレートを培養する．

（2） メンブランフィルター法の手順

直接寒天重層法によってバクテリオファージの定量ができる検体量は，1〜10 mL である．直接法の検出限界以下の濃度のウイルスを検出するには，通常，何らかの濃縮操作が必要になる．メンブランフィルター法は，負に荷電したウイルス粒子と負に荷電したメンブランフィルターのイオン結合によりウイルスを濃縮することができる．この二つの負の電荷は，通常であれば反発しあうが，Mg^{2+} 陽イオンが負に荷電したメンブランと，負に荷電したウイルス粒子の間の架橋になってイオン結合が形成されるので，この問題は克服できる．この方法では，1〜5 L の水試料中のウイルスを濃縮できる．

【方法】

1. 多量の地下水（1〜5 L）にオートクレーブした 1 M $MgCl_2 \cdot 6 H_2O$ を添加して，最終の $MgCl_2$ 濃度が 0.005 M になるように調製する．
2. 水試料をろ過装置を使用して，50 mL/分以下の流量でろ過する．500 mL 以上のろ過を行う場合は，ろ液採取用フラスコを交換するか，フラスコ内のろ液を他の容器に移してろ過を再開する．
3. ラベルをつけた 50 mL の滅菌試験管を，ろ液採取用フラスコ内のフィルターホルダーの流出部先端真下にセットする．
4. 誘出液 5 mL をメンブランフィルターの上に注入し，10 分間以上反応させる．
5. 再度吸引する．誘出液を試験管に採取した後，上部のフィルターハウジングをはずし，メンブランホルダーからフィルターを横方向に移動させて，メンブランフィルターを無菌的にとる．誘出液の pH を希釈した HCl を用いて pH 7.0 に調整する．この誘出液を寒天重層法によるバクテリオファージ試験に供する．

4.3　RT-PCR 法によるエンテロウイルスの検出

環境水中に自然に存在している物質が，PCR 法による増幅過程に障害を起こす可能性がある．したがって，これらの阻害物質をエンテロウイルスの PCR を行う前に地下水試料から除去する必要がある．Sephadex　G-100™ と Chelex-

100™ を組み合せて使用することで，これらの阻害物質のほとんどを除去できる[15]．ウイルス RNA を増幅するには，試験管内で逆転写（RT）を行った後，PCR 法による増幅を行う．

（1） 試料の精製
1. 濃縮試料の一部（通常 300 μL）を充填カラムにのせ，カラムを $1\,600 \times g$ で 4 分間遠心分離する．
2. 遠心分離を行う前に，精製試料を採取する目的で 1.5 mL のマイクロチューブ（キャップのないもの）を，充填した Sephadex G-100＋Chelex-100 カラム（付録を参照）の下におく．
3. マイクロチューブに採取した試料を RT-PCR に供する．

（2） RT-PCR プロトコル
1. より多くのサンプル量になるよう，逆転写反応の容量を 30 μL にする．
2. 0.5 mL の試験管に，精製試料 10 μL，7.5 mM $MgCl_2$，1×PCR 増幅緩衝液および dNTP（それぞれ 200 μM）を入れる．1, 2 滴のミネラルオイルを加えて蒸発を防ぐ．
3. DNA サーマルサイクラーで試験管を 99℃で 5 分間加熱して，ウイルスゲノムの RNA をウイルスのタンパク被膜から放出させる．試料を室温で冷やす．
4. この試験管に 50 U の逆転写酵素，20 U の RNase インヒビター，50 μM のランダムヘキサマー（Perkin Elmer Corp, CA）を加える．逆転写反応を行うために，試験管をサーマルサイクラーに入れ，以下の条件で処理する．25℃-10 分，42℃-60 分，99℃-5 分（最後の温度処理で，逆転写酵素は完全に失活する）．
5. 2.5 U Amplitaq ポリメラーゼ，1×PCR 増幅緩衝液，2 mM $MgCl_2$，0.5 μM エンテロウイルスプライマー（5′ TGT CAC CAT AAG CAG CC 3′；5′ TCC GGC CCC TGA ATG CGG CT 3′）と水を含む反応混合物を調製し，上記の試料に添加する．
6. 試験管を DNA サーマルサイクラーに入れ，以下の温度サイクルで増幅さ

せる．94℃-45秒，55℃-30秒，72℃-45秒．この条件で30サイクル行う．

7. PCR産物を1.6%アガロースゲルで泳動する．149 bpのPCR産物がエンテロウイルス特有のものである．必要に応じて内部プローブ（5′ CCC AAA GTA GTC GGT CCG C 3′）を用いたジーンプローブハイブリダイゼーションを行って，増幅産物のシークエンスを確認する．

4.4　細胞培養法と分子生物学的手法の比較

　ジーンプローブや遺伝子増幅法（例：PCR増幅法）のような分子生物学的手法が，ウイルスの検出に使用できるようになった．ポリメラーゼ連鎖反応は，微生物の特定遺伝子領域のコピーを試験管内で選択的に増やせる酵素法である（詳細は第4章参照）．この手法は，水試料に混入している微量の病原体に含まれている核酸を検出可能なレベルまで増幅させることができる．PCR法は，多量の水試料（100〜1 500 L）から濃縮したウイルスを検出する方法として使用されてきた（Abbaszadegan et al.[17]）．通常の濃縮は，フィルター吸着−誘出法によって行われ，その結果として，ウイルスを含む濃縮物が得られる．この濃縮物にエンテロウイルス特異の核酸が存在するか否かを，遺伝子増幅法によって調べることになる．エンテロウイルスには核酸としてRNAが含まれているので，増幅前に逆転写酵素を用いてRNAの逆転写を行い，RNAをcDNAに転換する．このcDNAをその後のPCRステップでの標的として用いる．通常のPCR法をこのように変更したものをRT-PCRと呼ぶ．

　ウイルスの検出にPCR法を使用することは多くの利点がある．細胞培養法に比較すると，ウイルス検出に必要な時間が，数日あるいは数週間から数時間のオーダーに短縮される．PCR法の設備コストと維持コストは，細胞培養法よりはるかに安いものであり，技術面でも適切な技術習得を行えば容易に実施できる．この方法は，特定の核酸シークエンスを検出できるので，特定の病原体の存在を正確に検出することが可能である．しかし，微生物の感染性の有無は判定できない．病原体に特異的なDNAまたはRNAの検出だけである．PCR法は，臨床材料（Rotbart[15]，Hyypia et al.[16]）および環境材料（Abbaszadegan et al.[17]，

DeLeon et al.[18]）からのエンテロウイルスおよびその他の病原体検出に利用されている．

　細胞培養法によって，ある試料からウイルスが分離されても，その感染因子が同定できるとは限らない．エンテロウイルスの分離にルーチン的に使用されているBGM細胞は，レオウイルスやロタウイルスなどに対する感受性もある．このレオウイルスは，環境試料中にエンテロウイルスより多く存在していることが多々ある（Puig et al.[19]）．さらに，ヒトに感染することがわかっているすべてのウイルスについて，細胞培養法が確立しているわけではない．例えば，ノーウォークウイルスはまだ細胞培養に成功していないため，環境試料から分離することができない．このような場合は，従来の細胞培養法よりも分子生物学的手法のほうが著しくすぐれている．

● 追加情報

　腸管系ウイルスおよびバクテリオファージについての詳細な情報は，"Standard Methods for the Examination of Water and Wastewater"[20]およびASTMの出版物である"Methods in Environmental Microbiology"[21]にも掲載されている．

文献

1) Craun GF. Surface Water Supplies and Health. J Amer Water Works Assoc 1988; 80:40-52.2.
2) Craun GF. Waterborne disease outbreaks in the United States of America: causes and prevention. World Health Statistics Quarterly. Rapport Trimestriel de Statistiques Sanitaires Mondiales 1992; 45(2-3):192-9.
3) U.S. Environmental Protection Agency (EPA). Methods for the Investigation and Prevention of Waterborne Disease Outbreaks. Washington, DC, 1990.
4) Melnick JL. Enteroviruses: polioviruses, coxsackieviruses, echoviruses and newer enteroviruses. In: Fields BN ed. Virology. 2nd ed: New York: Raven Press, 1990: 549-605.

文　　献

5) Keswick BH, Gerba CP, DuPont HL et al. Detection of enteroviruses in treated drinking water. Appl Environ Microbiol 1984; 47:1290-912.
6) Keswick BH, Gerba CP, Secor SL et al. Survival of enteric viruses and indicator bacteria in groundwater. J Environ Sci Health-Part A 1982; 17:903-912.
7) Payment P. Isolation of viruses from drinking water at the Pont-Viau water treatment plant. Can J Microbiol 1981; 27:417-420.
8) Craun GF. Health aspects of groundwater pollution. In: Bitton, G Gerba CP, eds. Groundwater Pollution Microbiology. New York: John Wiley & Sons, 1984: 135-179.
9) Sobsey MD. Simple membrane filter method to concentrate and enumerate male-specific RNA coliphages. J Amer Water Works Assoc 1990; 82:52-59.
10) Abbaszadegan M, Manteiga R, Verges D et al. Enhanced and optimized coagulation for removal of microbial contaminants. 96th General Meeting of the Am Soc Microbiol 1996.
11) Havelaar AH, Van Olphen M, Drost YC. F-specific RNA Bacteriophages are adequate model organisms for enteric viruses in fresh water. Appl Environ Microbiol 1993; 59:2956-2962.
12) Dahling DR, Safferman RS, Wright BA. Results of a survey of BGM cell culture practices. Environ Internat 1984; 10:309-313.
13) Dahling DR, Wright BA. Optimization of the BGM cell line culture and viral assay procedures for monitoring viruses in the environment. Appl Environ Microbiol 1986; 51:790-812.
14) Smith EM, Gerba CP. Laboratory methods for the growth and detection of animal viruses. In: Gerba CP Goyal SM, eds. Methods in Environmental Virology. New York: Marcel Dekker, 1982.
15) Rotbart HA. Enzymatic RNA amplification of the enteroviruses. J Clin Microbiol 1990; 28:438-442.
16) Hyypia T, Auvinen P, Maaronen M. Polymerase chain reaction for the human picornaviruses. J Gen Virol 1989; 70:3261-3268.
17) Abbaszadegan M, Huber MS, Gerba CP et al. Detection of enteroviruses in groundwater with the polymerase chain reaction. Appl Environ Microbiol 1993; 59:1318-1324.
18) DeLeon R, Shieh C, Baric RS et al. Detection of enteroviruses and hepatitis A virus in environmental samples by gene probes and polymerase chain reaction. Proceedings Water Quality Testing Conference, San Diego, American Water Works Association, Denver, CO. 1990; 833-853.
19) Puig M, Jofre J, Lucena F et al. Detection of adenoviruses and enteroviruses in polluted waters by nested PCR amplification. Appl

Environ Microbiol 1994; 60:2963-2970.
20) Clesceri LS, Eaton AD, Greenberg AE: In: Standard Methods for the Examination of Water and Wastewater. Clesceri LS, Eaton AD, Greenberg AE, eds. 19th Ed. Washington, DC: American Public Health Association, 1997.
21) American Society for Testing Materials. In: Standards on materials and environmental microbiology. 2nd Ed. Philadelphia, PA: American Society for Testing and Materials, 1994.

付録

■フィルターからのウイルスの誘出に要する機材
1. 高圧空気または高圧窒素源
2. 複合電極 pH 計
3. 滅菌済みの 1 M および 5 M 水酸化ナトリウム溶液
4. pH 9.4 のビーフエキストラクト-グリシン溶液（1.5％ビーフエキストラクト V 粉末および 0.05 M グリシン水溶液）

■ウイルスの凝集および再濃縮に要する機材
1. 10 000×g までの加速が可能な冷却遠心機
2. pH 9.0〜9.5 のリン酸ナトリウム（0.15 M $Na_2HPO_4 \cdot 7 H_2O$）
3. pH 7.0〜7.5 のリン酸ナトリウム（0.15 M $Na_2HPO_4 \cdot 7 H_2O$）
4. フレオン（Fisher Scientific, PA あるいは Aldrich Chemical, WI）

■バクテリオファージの検出に要する機材
1. 宿主菌培養のための 37℃培養器
2. 軟寒天保温のための 45〜55℃水浴
3. TSB（tryptic soy broth）液体培地入り試験管：蒸留水 100 mL に 1.0 g トリプトン，0.1 g 酵母エキス，0.1 g ブドウ糖，0.8 g 塩化ナトリウム，0.022 g 塩化カルシウムを溶解する．16×150 mm 試験管に 10 mL ずつ分注し，オートクレーブする．4℃で 2 週間まで保存できる．
4. TSA（tryptic soy agar）寒天培地平板：TSB の組成に細菌検査用寒天（Difco, MI）を 1.5％（w/v）加えてオートクレーブする．寒天が固まらないうち（45〜55℃の間）に 15 mL ずつ 90×15 mm のシャーレに分注し，室温で固化させる．4℃で 2 週間まで保存でき，使用の 1 時間前に室温に戻す．
5. TSSA（tryptic soy soft agar）軟寒天培地入り試験管：TSB の組成に細菌

検査用寒天を 0.75%（w/v）加えて調製する．滅菌済みのキャップ付き 15×100 mm 試験管に 4 mL ずつ無菌的に分注し，試験時まで 47℃の水浴に保温する．4℃で 2 週間まで保存でき，使用前に 5 分間オートクレーブして溶解する．

6. 希釈ブランク液：0.5%塩化ナトリウムと 0.1%ゼラチンを含む．9 mL ずつ 16×150 mm の試験管に分注し，オートクレーブする．4℃で 2 週間まで保存でき，使用の 1 時間前に室温に戻す．
7. ろ過除菌用フィルター：孔径 0.22 μm の Acrodisc フィルターとプレフィルター（Gelman Sciences）
8. 宿主菌の培養：大腸菌ファージの試験には以下の宿主菌が推奨されている．
    E. coli C（ATCC 13706，菌体吸着ファージの宿主として）
    E. coli C-3000（ATCC 15597，オス特異ファージの宿主として）
    Salmonella typhimurium WG 49（*Salmonella* ファージならびにオス特異 RNA および DNA ファージの宿主として）
9. バクテリオファージ：バクテリオファージ MS-2（ATCC 15597-B 1）が宿主菌 *E. coli* C-3000 および *Salmonella typhimurium* WG 49 とともに，また ϕX 174 が宿主菌 *E. coli* C とともに用いられる．

■メンブランフィルター法によるバクテリオファージの濃縮に要する機材

1. 直径 47 mm のフィルターを装着できる磁性フィルターホルダー（Gelman Sciences）
2. 孔径 0.45 μm で直径 47 mm のメンブランフィルター（HAWP，Millipore Corporation, Bedfield, MA）
3. 吸引装置と枝管付き 1 000 mL 吸引フラスコ
4. 誘出液：1.5%ビーフエキストラクトと 1.5%グリシンの水溶液で pH 8.3 に調整したもの．125 mL 三角フラスコに 50 mL ずつ分注し，ふたをしてオートクレーブする．4℃で 2 週間まで保存でき，使用の 1 時間前に室温に戻す．
5. 1 M 塩化マグネシウム水溶液

■ RT-PCR 増幅法を用いたエンテロウイルスの検出

（試料の精製）

1. Sephadex G-1000 カラム：容量 1 mL のディスポーザブルシリンジの底にシラン処理した滅菌ガラスウール（Supelco, Bellefonte, PA）を少量詰める．その上に 0.4 mL の Cherex-100（Bio-Rad, Richmond, CA）を詰め，さらにその上に 0.4 mL の Sephadex G-1000 を重ねる．シリンジ先端にはチップをつけ，このチップの先を 1.5 mL のマイクロ遠心管内に挿入した状態

で，全体を容量 15 mL のディスポーザブルポリプロピレン製遠心管内に収める．試料をシリンジに作成したカラムの上に注入して遠心分離する．

第5章
ジアルジアシストと
クリプトスポリジウムオーシストの検出

Morteza Abbaszadegan

　腸管寄生性の原虫ジアルジア（*Giardia lamblia*）は米国におけるヒトの寄生虫感染原因微生物として最も一般的であり（Craun[1]），感染患者に長期にわたる下痢をもたらす（Wolf[2]）．これまで数多くのジアルジア症（giardiasis）とクリプトスポリジウム症（cryptosporidiosis）の水系流行の発生が報告されており（Kent et al.[3]），このことが米国環境保護庁（EPA）による飲料水中のジアルジアシストに対する規制[4]を促している．水道水中に見出されるジアルジアシストの数は通常少ない（Craun[5]）．しかし，1〜10個という少ない数の生育活性のあるシストの摂取によってヒトの感染が成立するので（Akin and Jakubowski[6]），ジアルジアシストの検出方法と生育活性試験は非常に高感度であることが求められる．

　クリプトスポリジウム（*Cryptosporidium*）属の生物は，多くのほ乳動物の胃腸に一般的な微生物として早くも1907年に見出されていた（Tyzzer[7]）が，この原虫の病原性については，その約50年後にクリプトスポリジウムと動物の疾病の関係が明らかになるまで認められていなかった（Slavin[8]）．クリプトスポリジウムは1976年までヒトの疾病の原因微生物とは認められていなかったし（Nime[9]），飲料水の汚染と最初にかかわったのは1984年になってからであった．クリプトスポリジウムのいくつかの種がさまざまな動物（ウシ，ブタ，ヤギ，ヒツジ，イヌ，ネコ，シカ，ジャコウネズミ，ビーバーなど）から見出されているため，環境耐性のある生育ステージであるオーシストも環境水中に広く存在し，その濃度もかなり変動する．

　1984年，米国で最初の水系感染によるクリプトスポリジウム症の流行が発生した．原因は下水による井戸水の汚染だった．1987年，ジョージア州で13 000

人が感染したとみられる流行によって，クリプトスポリジウムが公共水道を使用している人々に疾病を引き起こす危険があることが明らかとなった．1993年には，ウィスコンシン州ミルウォーキーで400 000人以上が感染する流行が発生した．この事件は，今日に至るまで，ある特定の病原微生物によって引き起こされた，たった1回の水系流行として米国で最大のものである．

Cryptosporidium parvum によるヒトの感染は腸管への体液の過剰分泌をもたらし，水分や電解質の喪失，そしてコレラに似た頻繁で大量の下痢を引き起こす．免疫不全患者では感染は一般に急性に推移し，死亡率はおよそ50％に達する．1993年のミルウォーキーでの流行の際，100人以上がクリプトスポリジウム症に伴う合併症で死亡した．

最近，水中に見出される寄生性原虫は潜在的にどれもが感染性であると考えられている．しかしながら，生育活性のない寄生虫は人の健康に害とはならない．したがって，生育活性のあるシストあるいはオーシストを生育活性のないものと区別することが可能になること，そして今日用いられている飲料水の水質評価方法を改良することが重要である．本章では，自然水中からシストおよびオーシストを検出する方法について述べる．

5.1 試料の採取と処理

原虫分析に用いる大量の水試料の採取方法についての詳細は第2章で議論されている．基本的に，地下水を濃縮するためには，大量の試料水（100～400 L）を孔径1 μm の巻付け型ポリプロピレンフィルターでろ過する．ろ過後，フィルターをフィルターハウジング内の水とともに Whirl Pac バッグ（Nasco, Fort Atkins, WI）に入れ，輸送するまで2～5℃で保存する．バッグは常に二重にし，氷冷して翌日までに試験室に輸送する．

【方法】
1. メスでフィルターを半分の長さに切断し，フィルターの繊維の長さを約6インチ（約15 cm）にする．
2. 繊維をばらばらにほぐし，1.5 L の誘出液（付録を参照）を入れた容量3 500 mL のストマッカーバッグに移す．

3. ストマッカーを用いて5分間ずつ2回，ホモジナイズする．1回目と2回目の間に，フィルター繊維をバッグ内に再分散させるために手でもみほぐす．
4. 1回目のホモジナイズ後，誘出液はフィルターハウジング内の水と合わせ，フィルター繊維は2回目のホモジナイズを行う．
5. 2回目のホモジナイズ終了後，繊維を手で絞って誘出液を絞り出す．目視でフィルター繊維から捕捉物がすべて除去されていることを確認する．
6. 2回目の誘出液を1回目の誘出液およびフィルターハウジング内の水と合わせる．
7. 誘出した試料水を290 mL の平底遠心管に分注し，Sovall RC-5 B 冷却遠心分離器（DuPont Co., Wilmington, DE）にアングルロータ（model GSA）を装着して，4°C，6 700×g で10分間遠心分離する（ブレーキはオンにする）．
8. 遠沈管の底あるいは沈殿物表面から0.5インチ（約1.3 cm）の高さまで水をサイホンで抜き取り，沈渣を1本の容器に集める．
9. 集めた沈渣の容量を同一容器の既知容量と比較して目視で測定する．
10. 沈渣を撹拌および超音波処理で再懸濁する．
11. 30 mL のパーコール‐ショ糖浮遊溶液（付録を参照）を沈殿物の下層に注入し，スウィングロータを用いて，1 050×g で10分間遠心分離する（ブレーキはオフにする）．
12. 遠沈後，誘出液の上層部（20 mL）と界面部分 5 mL を抜き取る．
13. 抜き取った試料を誘出液で希釈し，遠沈して沈渣を得る．上澄みは捨て，沈渣（ここにシストやオーシストが含まれていることになる）を免疫蛍光法による検出操作に供する．

5.2　免疫蛍光抗体(IFA)法

　最近，直接および間接免疫蛍光抗体試薬の調製品が市販されており（Ensys Inc., Waterborne Inc.），環境水中のシストやオーシストの検出にこれらの方法がともに応用できることが報告されている．

第5章　ジアルジアシストとクリプトスポリジウムオーシストの検出

（1）　直接蛍光抗体法
【方法】

1. Hoefer マニホールド（Hoefer Scientific, San Francisco, CA）のステンレスファンネルにサポートフィルターとして直径 25 mm の Durapore HVLP フィルター（孔径 0.45 μm, Millipore Corp., Bedford, MA）をおき，これに直径 25 mm の酢酸セルロースフィルター（孔径 0.2 μm, Sartorius Inc., Hayward, CA）を重ね，あらかじめ湿らせておく．このフィルター上に，染色対象の試料の全量あるいは一定量をピペットで加える．陽性対照および陰性対照も同様に処理する．
2. それぞれのファンネルをろ過滅菌した PBS（付録を参照）ですすぎ，吸引圧力を 5.0 インチ Hg に調節する．
3. *Giardia lamblia* および *Cryptosporidium parvum* に特異的な FITC 標識モノクローナル抗体（AquaGlo G/C Direct™, Waterborne, Inc, New Orleans, LA）の原液をブロッキング試薬を含む PBS（付録を参照）で希釈して 1 倍濃度の作業用蛍光抗体染色試薬とする．
4. それぞれのメンブランフィルターに 250 μL の作業用蛍光抗体染色試薬をピペットで注ぎ，試料と 45 分間接触させる．この間，アルミホイルでフィルターを覆って光を遮断する．
5. 所定の接触時間終了後，フィルターを 2 mL の PBS で 5 回洗浄する．
6. 洗浄後，フィルターをアルコールシリーズ（それぞれ 5％のグリセロールを含む 10％，20％，40％，80％および 95％エタノール）（付録を参照）で脱水する．
7. フィルターをあらかじめ温めたスライドガラスにのせ，2％DABCO-グリセロール溶液（付録を参照）で透明化する．
8. DABCO-グリセロール溶液をフィルター上に滴下し，カバーガラスをかける．カバーガラスを静かにたたいて気泡を追い出し，カバーガラスの縁を透明のネイルエナメルで封じる．
9. 検鏡までスライドをデシケータに収めて冷蔵後に保管する．

（2） 間接蛍光抗体法

【方法】

1. *Giardia* および *Cryptosporidium* に対する一次抗体（Hydrofluor-Combo™ Ensys Inc., Research Triangle Park, NC））を PBS とヤギ血清液（normal goat serum）で1：10に希釈する．
2. これを各フィルターに0.5 mL ずつフィルター全体にゆきわたるように注ぎ，アルミホイルで覆って25分間接触させる．接触時間終了後，フィルターを2 mL の PBS で洗浄する．
3. 標識試薬（Hydrofluor-Combo™ Ensys Inc., Research Triangle Park, NC））を PBS とヤギ血清液（normal goat serum）で1：10に希釈する．これを各フィルターに0.5 mL ずつ注ぎ，アルミホイルで覆って25分間接触させる．
4. 接触時間終了後，フィルターを2 mL の PBS で洗浄し，さらにフィルターをアルコールシリーズ（それぞれ5％のグリセロールを含む10％，20％，40％，80％および95％エタノール）（付録を参照）で脱水する．
5. フィルターをあらかじめ温めたスライドガラスにのせ，2％DABCO-グリセロール溶液（付録を参照）で透明化する．
6. DABCO-グリセロール溶液をフィルター上に滴下し，カバーガラスをかける．カバーガラスを静かにたたいて気泡を追い出し，カバーガラスの縁を透明のネイルエナメルで封じる．
7. 検鏡までスライドをデシケータに収めて冷蔵後に保管する．

（3） 検　　鏡

【方法】

1. 染色したプレパラートを落射蛍光顕微鏡で300倍あるいは400倍で検鏡する．ジアルジアとクリプトスポリジウムは，特徴的な青リンゴ色の蛍光，大きさ，形に基づいて同定される．
2. すべてのオーシストあるいはシストと疑われる生物および物体を1 500倍で蛍光観察し，さらに微分干渉装置またはノマルスキー装置で調べ，確実にオーシストあるいはシストであるかどうかを確認する．ジアルジアシス

トの大きさは 7〜13 μm×9〜20 μm（幅×長さ）であり，クリプトスポリジウムオーシストは直径 3〜7 μm と計測される．確定は内部構造の確認によって行う．シストの場合，核，軸糸，中心小体などの内部構造を調べる．典型的なジアルジアシストとクリプトスポリジウムオーシストかどうかを評価し，その数を計数する．クリプトスポリジウムオーシストは上記のように直径 3〜7 μm で，微分干渉顕微鏡で 1 個以上のスポロゾイトがあるかどうかを調べる（表 5.1）．

表 5.1 ジアルジア，クリプトスポリジウムの検鏡データシートの例

試料番号：			
プレパラート作成者名：		作成日：	
検鏡者名：		検鏡日：	
蛍光粒子の位置	大きさと形態(楕円形または円形)	内部構造の状況	確定

推定ジアルジア蛍光粒子数：
推定クリプトスポリジウム蛍光粒子数：
確定ジアルジアシスト数：
確定クリプトスポリジウムシスト数：

3. 典型的なジアルジアシストあるいはクリプトスポリジウムオーシストではない粒子を計数してはならない．
4. 100 L 中の原虫個体数を計算して，試料水の汚染レベルを求める．
5. 不検出の場合は，「寄生虫濃度は定量下限以下」として報告する．

（4） 精度管理

1. シストおよびオーシストのプレパラートを高倍率の透過光および蛍光で観察し，顕微鏡が正しく調整されていることを確認する．
2. 免疫蛍光染色過程での汚染がないことを確認するため，PBS を試料とした陰性対照フィルターを検鏡し，シスト様あるいはオーシスト様の粒子がないことを調べる．

3. ジアルジアシストおよびクリプトスポリジウムオーシストをろ過した陽性対照フィルターを用意し，これらが蛍光染色されていることで，免疫蛍光染色が正しく行われていることを確認する．

● 追加情報

その他，オーシストおよびシストの検出のための標準的な試験法に関する詳細については，EPAによる情報収集規則微生物検査マニュアル（"ICR Microbial Laboratory Manual"）を参照されたい．

文献

1) Craun GF. Surface water supplies and health. J Amer Water Works Assoc 1988; 80:40-52.
2) Wolf MS. Managing the patient with giardiasis: clinical, diagnostic and therapeutic aspects. In: Jakubowski W, Hoff JC, eds. Waterborne Transmission of Giardiasis. Cincinnati: EPA 1979:39-52.
3) Kent GP, Greenspan JR, Herndon JL et al. Epidemic giardiasis caused by a contaminated public water supply. Am J Pub Health 1988; 78:139-143.
4) Federal Register, 1988; 53:16348.
5) Craun GF. In: Waterborne Diseases in the United States. Boca Raton: CRC Press, 1986.
6) Akin EW, Jakubowski W. Drinking water transmission of giardiasis in the United States. Water Sci Tech 1986; 18:219-226.
7) Tyzzer E.E. A sporozoan found in the peptic glands of the common mouse. Proc Soc Exp Biol Med 1970; 5:12-13.
8) Slavin D. *Cryptosporidium meleagridis*. Journal Comparative Pathology 1955; 65:262-266.
9) Nime FA, Burek JD, Page DL. Acute enterocolitis in a human being infected with the protozoan *Cryptosporidium*. Gastroenterology 1976; 70:592-598.
10) U.S. Environmental Protection Agency (EPA). ICR Microbial Laboratory Manual. Washington, D.C.

第5章 ジアルジアシストとクリプトスポリジウムオーシストの検出

> **付録**

■フィルターの処理に要する機材と試薬
1. ステンレス製またはガラス製のバット
2. ナイフまたはカッター
3. 室内用のストマッカー（Tekmar, Co）．なければ手でもむ．ただし，1 L の誘出液で3回，フィルター繊維を確実にもみ洗いすることに注意
4. 比重計（測定範囲 1.00～1.22）
5. 15～250 mL 遠心管を装着できるスイングロータを取り付けた遠心分離機
6. ボルテックスミキサー
7. パーコール-ショ糖浮遊液（比重 1.10）：パーコール（Sigma, St. Louis, Mo）45 mL，精製水 45 mL および 10 mL の 2.5 M ショ糖液を混合する．比重計を用いて比重を 1.09 から 1.10 に調整する．4℃で保存できるが，使用の前に室温に戻す．
8. 誘出液：精製水 500 mL に 1% SDS 100 mL，1% Tween 80 100 mL，10倍濃度 PBS 100 mL，さらに 0.1 mL Sigma Antifoam A を加え，pH 7.4 に調整後，1 L に定容する．調製後，1週間以内に使用する．

■IFA法に要する機材
1. 吸引ろ過用マニホールド
2. 直径 25 mm 酢酸セルロース製メンブランフィルター（孔径 0.2 μm）（Sartorius Inc., Hayward, CA）
3. 直径 25 mm Durapor HVLP サポートフィルター（孔径 0.45 μm）（Millipore Corporation, Bedfield, MA）
4. ろ過滅菌した PBS
5. ジアルジアとクリプトスポリジウムに特異的な蛍光抗体（Ensys, Inc., Resarch Triangle Park, NC あるいは Waterborne, Inc., New Orleans, LA）
6. スライドガラスとカバーガラス
7. それぞれ 5% のグリセロールを含む 10%，20%，40%，80%，95% のエタノールシリーズ
8. DABCO-グリセロール封入剤：ホットプレートで温めたグリセロール 95 mL をマグネチックスターラーで撹拌し，2 g の DABCO（1,4 diazabicyclo [2.2.2] octane（Sigma, St. Louis, MO）を加えて溶解する．室温で保存し，6か月を経過したものは廃棄する．

■蛍光顕微鏡観察に要する機材
1. 100 W 水銀ランプを備えた落射蛍光顕微鏡で，ノマルスキー光学装置あるいは微分干渉（DIC）装置（Hoffman 変換方式）を装着しているもの

第6章
DNAフィンガープリンティングによる細菌の分類

Mark D. Burr and Ian L. Pepper

　歴史的には，細菌は属，種または株レベルでの区別を可能にする遺伝子表現型の違いに基づいて分類またはグループ化されてきた．多くの場合，各分類は対象生物の培養に基づいている．これは種々の生理学試験および生化学試験に基づいているということである．近年，核酸配列に基づいて単離株を区別する試みがなされてきた．概念的には，特定の細菌の染色体DNAは，特定のパターンまたは「DNAフィンガープリント」として区別することができる（典型的にはゲル電気泳動による）有限サイズのDNAバンドの列に変換することができる．DNAフィンガープリントは，アガロースゲル中またはメンブレン上に検出される固有のDNA断片から生じるパターンである．理想的なフィンガープリントは，再現性があり，安定で，異なる生物や株を分類できなければならない．DNAフィンガープリンティングの最終目標は，現実の重要な生物集団の多様性を反映したフィンガープリントパターンを得ることである．フィンガープリントを生成するDNAエレメントまたは配列は，研究期間中は安定である必要があり，また進化的時間スケールでは，短時間でも長時間でも，株間で違いが十分に出る必要がある．最も重要なことはフィンガープリンティングが株間の重要かつ機能的な違いを識別する能力があることである．遺伝子表現型として明白には示されていない異なる単離株のDNAの相違を検出する方法もある．

　本章では，①ポリメラーゼ連鎖反応（polymerase chain reaction；PCR），②制限酵素解析（restriction fragment length polymorphism；RFLP），および③両者の併用（例えばPCR-RFLP）を用いた3種類のフィンガープリンティングプロトコルについて述べる．以下では，細菌単離株の分類に用いられている広く普及したDNAフィンガープリンティングプロトコルを示す．ゲノムフィンガー

プリンティングは，汚染源を判断するため地下水関連の細菌病原体のゲノムの関連性を判定するのに利用できる．ゲノムフィンガープリンティングは長期にわたる環境の変動が新しい細菌の遺伝子型の進化に影響するかどうかを識別することもできる．

以下のプロトコルは，微生物学および分子生物学の実務的な知識があることを前提としている．市販キットの使用を推奨する場合もある．直接関連する材料および試薬のリストは付録に記述した．

6.1 鋳型 DNA の調製

細菌単離株の PCR による DNA フィンガープリンティングでは，反応に用いる鋳型 DNA は，ゲノム DNA を精製したもの，または全細胞を溶解した未精製のものから得られる．良質かつ安定なフィンガープリントは精製したゲノム DNA を用いることで報告されているが，全細胞の溶解物からも，通常は，良好なフィンガープリントをより高速に生成する．

（1） 全細胞の溶解物の調製
【方法】
1. 1枚の寒天平板から得られた単一集落（もし可能なら）をチューブの普通ブイヨン（nutrient broth）に植種する．回転振とう培養器で波長590 nm における吸光度が0.6になるまで25〜35℃で培養する．これは約 10^8 CFU/mL の懸濁液である．普通寒天培地（nutrient agar）の平板計数値またはアクリジンオレンジ染色直接計数値により PCR 反応溶液中の鋳型として用いる細菌細胞数を推定することができる（しかし，どの分離株についても同じ濃度を用いることのほうが細菌数よりも重要である）．
2. 培養液1 mL を 1.5 mL のマイクロチューブに移し入れ，14 000 rpm で2分間遠心して細胞をペレット化する．
3. 上澄みを取りのぞく．ペレットを粉砕・撹拌するために，ピペット操作を繰り返しながら，ペレットを滅菌した1 M NaCl に再懸濁する．
4. 2.と同様に遠心する．1 M NaCl へ再懸濁する．遠心を繰り返し，上澄み

を捨てる．
5. ペレットをマイクロチューブ（0.6 mL）の滅菌水（100 μL）に再懸濁し，細胞を10分間サーマルサイクラー（98℃）で溶解する．熱への暴露により，細菌細胞は溶解し，核酸が遊離する．遠心操作を追加することにより，細胞の残骸を除去可能であるが，この場合，DNAは若干失われる．上澄みは鋳型（DNA）ストックとなる．
6. 段階的に鋳型DNAストックを滅菌水で10倍希釈する．この希釈でPCR反応における鋳型濃度を最適化することができる．溶解液は−20℃で数か月間安定である．

（2） ゲノムDNAの抽出

　ゲノムDNA抽出用の大規模プロトコルおよび小規模プロトコルが利用可能である．小規模プロトコル（mini-preps）では，一般に，PCRおよびRFLPへの適用に十分なDNAが得られる．市販のキットもまた利用可能であり，そのコストは，試料数が少ないときには問題とならない．大規模プロトコルでは，複数のフィンガープリンティング反応に十分なDNAを得ることができ，抽出時にはっきりとDNAを視認できる．以下に，サルモネラ属等のグラム陰性細菌からDNAを抽出する際に広く使用されている大規模プロトコルを示す．他の細菌のDNAや他の試料からのコンタミネーションをできるだけなくすため，滅菌技術を使用する．

【方法】

1. 滅菌チューブ（50 mL）に普通ブイヨン（40 mL）をとり，細菌単離株の単一コロニーのものを接種する．上部の空間（10 mL）は培養液の曝気のために必要である．25〜35℃で培養液が濁るまで水平回転振とう機上で培養する．培養液中の細菌数を定量する必要はない．
2. 遠心（8 000 rpm，5分）して細胞をペレット化し，上澄みをデカントして捨てる．
3. ペレットをリゾチーム含有GTE緩衝液（1 mL）に再懸濁する．高分子量のゲノムDNAを切断しないよう，激しく撹拌せずに，ピペットで再懸濁する．時々緩やかに転置して撹拌しながら，30分間室温でインキュベ

ートする．

4. プロテナーゼ K（8 μL）と SDS（75 mL）溶液を加える．37℃で 60 分間インキュベートする．粘性の高い溶液が得られたなら，溶菌は良好である．

5. CTAB 抽出緩衝液 10 mL を加える．65℃で時々緩やかに撹拌しながら，少なくとも 4 時間（一晩中が望ましい）インキュベートする．

6. フェノール・クロロホルム・イソアミルアルコール（体積比 25：24：1）で 1 回，さらにその後，クロロホルム・イソアミルアルコール（24：1）で抽出する．各操作において，チューブを緩やかに転置するかまたは低速の回転撹拌器に置くかして撹拌する．各層を分離するために遠心（8 000 rpm，5 分）する．核酸を含む最上部の水層のみをとって新しいチューブへ移す．妨害物質が消滅するまで可能な限り繰り返し，上述の抽出を実行する（RNase H（1 μL）を最後の抽出前に加えてもよい）．

7. 7.3 M 酢酸ナトリウム溶液を試料の 1/10 容加え，緩やかに混合する．100%エタノール 3 容を加え，転置して DNA が沈殿するまで混合する．これは，通常，1 分以内である．DNA の沈殿は綿状の白い物体である．エタノール溶液中では浮遊することも多い．

8. 沈殿した DNA を滅菌したピペットチップでとり，迅速に懸濁および沈殿して 70%エタノール中で 2 回洗浄する．

9. アルコールをデカントし，さらにピペットで過剰な液体を除去する．ペレットを乾燥し，弱い窒素気流または圧縮空気流で乾燥する．自然乾燥（マイクロチューブを実験台に放置）または真空乾燥（凍結乾燥）でもよい（エタノールの除去は重要であるが，乾燥しすぎると DNA の再懸濁が難しくなる）．

10. DNA を適当な容積の TE 緩衝液（例えば 100 μL）に再懸濁する（最初は少量が望ましい．DNA はいつでも希釈できるからである）．DNA が完全に室温で溶解するまで 24 時間以内は待つ．チューブは時々手で軽く揺り動かして混合してもよい．激しい撹拌は避けること．

11. 試料（5 μL）を Lambda/Hind III サイズマーカーとともに 1%アガロースゲル上で泳動する．プラットホーム振とう機上で 20 分間，ゲルを臭化エ

チジウム溶液（0.5 mg/mL）により染色する．長波長の紫外線（トランスイルミネーターを使用）を照射すると，ゲルのトップ付近に高分子量ゲノム DNA が「バンド」（帯状）として出現する．このバンドは Lambda/Hind III マーカーのトップの最大のバンド（23.1 kbp）よりも大きいサイズに相当するはずである．また，切れた DNA も少量，ゲル上に「ストリーク」（条状）として出現する．ウェル（well）に DNA が残存している場合は DNA を濃縮しすぎである．この時点で，より大容量の TE 緩衝液で DNA ストックを希釈可能である（付録を参照）．

12. DNA 濃度は吸光度により測定可能である．260 nm における吸光度が用いられる．1 A_{260} が，50 μg/mL（二本鎖 DNA の場合）に対応するという換算係数から試料中の全 DNA 量を求めることができる．

13. DNA フィンガープリンティングでは複数の試料を解析することがあるため，DNA 試料の作業用溶液を調製する．試料をほぼ同じ作業用濃度（例えば 200～500 ng/μL）に TE 緩衝液で希釈する．DNA 溶液は少なくとも 2 か月は 4℃で保存できる．より長期間保存する場合は，−20℃が好ましい．

6.2　PCR 増幅により得られる DNA フィンガープリント

PCR による基本的な核酸増幅方法にはすでに多くの総説がある[1)〜4)]．ポリメラーゼ連鎖反応は，細菌の単一 DNA 断片の大きさおよび配列が既知の場合，その DNA 断片の増幅に最も頻繁に使用される．しかし，PCR フィンガープリンティングでは，細菌ゲノムの複数の場所に結合するオリゴヌクレオチドプライマーを用いる．このようなプライマーを用いることにより，最終的に，特定ゲノムから種々の長さの複数 DNA 断片が増幅される．したがって，この方法でゲノムを解析すると，断片の大きさの違いによりゲノムを区別することが可能である．基本的な PCR フィンガープリンティング法には Random Amplified Polymorphic DNA（RAPD PCR）[5)〜7)] としても知られる Arbitary-primed PCR（AP PCR），および反復配列（Repetitive sequence）PCR（Rep PCR）[8)] のような方法がある．Repetitive Extragenic Palindromic（REP）配列，Repetitive Intergenic Consensus（ERIC）配列および BOX 配列は，進化において保存されている繰り返し DNA 配列またはエレメントであり，細菌固有のフィンガープリンティングにおいて有用であることがわかっている．以下に，腸内細菌のゲノムの区別を目的とした PCR のプロトコルを示した．

（1） ERIC-PCR

腸内細菌の Repetitive Intergenic Consensus（ERIC）配列は，グラム陰性腸管系細菌に関連する細菌および多種類の関連のない細菌属において保存されていることがわかっている．これらの配列は 126 bp のエレメントであり，通常は，中央にパリンドローム配列領域がある．この配列の目的はよくわかっていない．

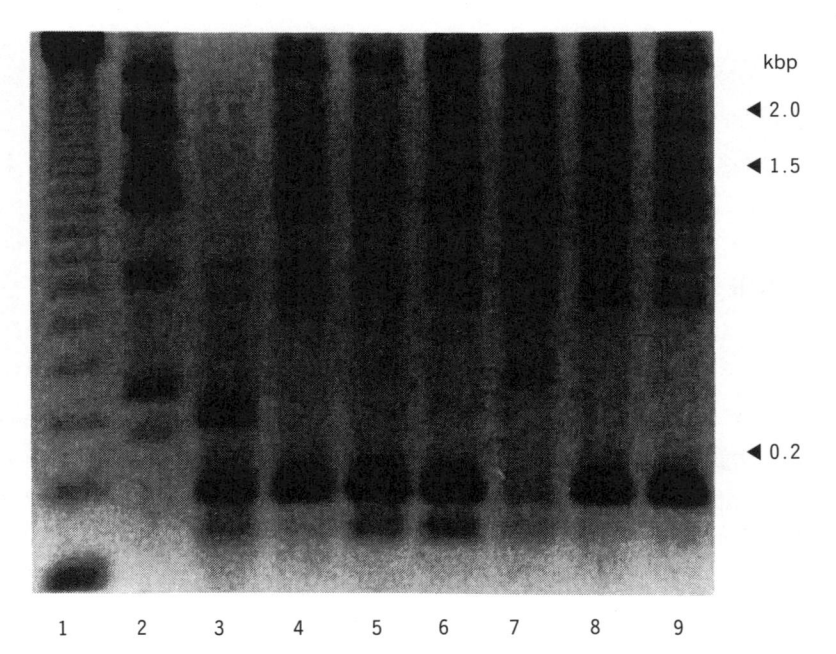

写真 6.1 大腸菌（レーン 2）および異なる血清型に属する *Salmonella* 単離株（レーン 3〜9）の ERIC PCR フィンガープリント
　　　　レーン 3　　　　*S. tennessee*
　　　　レーン 4，7〜9　*S. montevideo*
　　　　レーン 5，6　　 *S. derby*
　　　　レーン 1　　　　123 bp サイズマーカー

しかし，細菌ゲノムを構造化する際何らかの役割を果たしているものと考えられている[8),9)]．ERIC 配列にアニール（anneal，相補的な配列の核酸が二本鎖を形成すること）するように設計されたプライマーによって，ERIC 繰り返し配列に隣接した領域間の配列を PCR 増幅することができる（写真 6.1）．ERIC フィンガープリントは同じ細菌種の単離株を区別できることがわかっており，属に固有なバンドもある．

【方法】

1. ERIC-PCR 反応液は，通常は，25 μL で十分である．溶液は温度サイクルまでは氷上に保存するよう注意しなければならない．ピペット操作誤差をなくすために，使用チューブ数に分注可能な共通試薬のいわゆる「混合原液」を使用することが望ましい[1)]．表 6.1 に PCR 反応チューブの試薬組成を示す．

表 6.1　ERIC-PCR 用反応混合液の組成

組成	体積
10×PCR 反応緩衝液	2.5 μL
BSA	4 μL
DMSO	2.5 μL
dNTP 混合液	2.5 μL
プライマー ERIC 1 (0.37 μg/μL) (5′ATG-TAA-GCT-CCT-GGG-GAT-TCA-C 3′)	1 μL
プライマー ERIC 2 (0.37 μg/μL) (5′AAG-TAA-GTG-ACT-GGG-GTG-AGC-G 3′)	1 μL
Ampli *Taq* DNA ポリメラーゼ	0.5 μL
滅菌水	6.0 μL
鋳型 DNA (200〜500 ng)	5 μL
全量	25 μL

2. 再現性のあるバンドパターンを得るには，全試薬をチューブへ同時に加えてはならない．10×緩衝液，dNTP，BSA，DMSO，ERIC プライマーおよび鋳型は最初に添加する（再現性があり，かつ明確なバンドパターンを生成するためには，事前に予備実験が必要な場合もある．全細胞溶解液は 10^6 CFU 相当で十分なことがわかっている．鋳型を過剰に添加するのは望ましくない）．全試料において，Ampli *Taq* ポリメラーゼと水を各チ

ューブで十分に保持するようにしておく．

3. PCRチューブを軽く揺り動かし，数秒間すばやく遠心することにより内容物を混合する．ミネラルオイルが必要なサーマルサイクラーを用いる場合は，各チューブへミネラルオイルを1滴添加する．チューブを以下の温度サイクル（94℃（5分）-1サイクル；94℃（1分），52℃（1分），72℃（4分）-35サイクル；72℃（16分）-1サイクル）にあらかじめプログラムしたサーマルサイクラーにセットする．

4. 最初の5分のサイクル中に，0.5 μLのAmpli Taqをピペットによりミネラルオイルの下へ添加する．次に，チューブを35サイクルの温度サイクルにかける．温度サイクル完了後，直ちに，AP-PCR産物を−20℃で保存するか，またはゲル電気泳動により解析する．

（2） AP-PCR

AP-PCRにおいてもDNA断片の増幅があるが，ERIC-PCRとは若干異なっている．細菌染色体のあちこちにアニールする単一のランダムプライマーが使用される．2個のERICプライマーは約20 bpであるのに対して，このプライマーは，通常，大きさ10 bpである．一般に，アニーリング温度は通常のPCRより10〜20℃低く，例えば45℃未満である．したがって，AP-PCRはLow Stringency（厳密性の低い）PCRと呼ばれる[10]．ほとんどのランダムプライマーはほとんどのゲノムの配列を増幅するため，配列情報が不要であることはAP-PCRの長所である．たまたまプライマーと一致した配列またはプライマーと類似の配列にプライマーは結合するとされている[11]．得られるパターンの複雑さは非常に変動しやすいので，フィンガープリンティングを行う前に有用な配列を決定するために，通常，多くのランダムオリゴヌクレオチドをスクリーニングにかける．

【方法】

1. AP-PCR反応液は25 μLで一般的には十分である．PCR反応チューブの組成を表6.2に示した（$MgCl_2$の最適濃度は実験的に決定する必要がある）．各成分を十分に結合した最初の6成分から構成されるフィンガープリントする試料数に使用する量の混合原液を調製するのが望ましい．この混合，原液から13.5 μLずつを滅菌したPCRチューブに分注する．再現

表 6.2　AP-PCR 用反応混合液の組成

組成	体積
10×PCR 反応緩衝液	2.5 μL
dNTP 混合液	2.5 μL
ランダムプライマー (40 μM) (5′CGTGGTCCT 3′)	0.5 μL
$MgCl_2$	3　μL
滅菌水	11　μL
鋳型 DNA (200〜500 ng)	5　μL
Ampli *Taq* DNA ポリメラーゼ	0.5 μL
全量	25　μL

性のあるバンドパターンを得るためには，全成分を同時に加えてはならない．10×緩衝液，dNTPs，$MgCl_2$，AP-PCR プライマー，水および鋳型を最初に加える．上述のように，再現性があり，明確なバンドパターンを生成する鋳型 DNA の正確な量を決定するためには，予備実験が必要である．

2. PCR チューブの内容物はチューブを軽く振り混ぜ，数秒間遠心して混合する．ミネラルオイルが必要なサーマルサイクラーを使用する場合は，ミネラルオイルを 1 滴添加する．チューブを以下の温度サイクル（94℃（5分）-1 サイクル；94℃（1分），52℃（1分），72℃（1分）-35 サイクル；72℃（2分）-1 サイクル）にあらかじめプログラムしたサーマルサイクラーへセットする．

3. 最初の 5 分のサイクルに，Ampli *Taq*（0.5 μL）をピペットによりミネラルオイルの下へ加える．次に，チューブを 35 サイクルの温度サイクルにかける．温度サイクルの完了後すぐに，AP-PCR 産物は−20℃で保存するか，またはゲル電気泳動により解析する．

6.3　PCR-RFLP 解析により得られる DNA フィンガープリント

PCR-RFLP フィンガープリンティングは，PCR と制限酵素による消化からなる 2 段階フィンガープリンティングプロトコルである．最初に，種々の単離株における保存領域の特定の断片を増幅するために（ユニバーサル）プライマーを

用いて PCR を実施する．次に，（種々の生物から得られる）これらの増幅配列における配列の違いを制限酵素により同定する．以下のプロトコルではユニバーサルプライマーを用いる．次に，細菌の 16 S rDNA の保存領域の 1 500 bp の PCR 増幅産物を精製し，単一または複数の制限酵素で単一または複数の消化物に消化する．普通はいくつかの試験単離株を用いていくつかの酵素をスクリーニングすることにより，使用する制限酵素を選択する．

【方法】
・PCR 増幅

1. 4 または 5 種類の制限酵素による別々の消化により，PCR 反応液（100 μL）で十分な PCR 産物が得られる．PCR 増幅チューブの組成の例を表 6.3 に示した．

表 6.3　PCR-RFLP 解析用反応混合液の組成

組成	体積
10×PCR 反応緩衝液	10 μL
dNTP 混合液	8 μL
ユニバーサルプライマー#1（0.1 μg/μL）	4 μL
(5′AGA-GTT-TGA-TCC-TGG-CTC-AG 3′)	
ユニバーサルプライマー#2（0.1 μg/μL）	4 μL
(5′ACG-GTT-ACC-TTG-TTA-CGA-CTT 3′)	
滅菌水	63.5 μL
鋳型 DNA（200〜500 ng）	10 μL
Ampli *Taq* ポリメラーゼ	0.5 μL
全量	100 μL

2. 次に，各チューブは以下のような温度サイクル（94℃（5 分）-1 サイクル；94℃（1 分），55℃（1 分），72℃（2 分）-35 サイクル；72℃（2 分）-1 サイクル）でプログラムしたサーマルサイクラーにセットする．最初の 5 分のサイクルに，Ampli *Taq*（0.5 μL）をピペットでミネラルオイルの下へ加える．次に，チューブを 35 サイクルの温度サイクルにかける．

3. 温度サイクルの完了後すぐに，反応産物（3 μL）を 1 500 bp の増幅を確認するためにゲル上で解析する．

・制限酵素解析
1. PCR産物は制限酵素解析を行う前に濃縮することも多い．PCR産物の精製・濃縮用の市販のキットが利用可能である．PCRチューブの全量をフェノールクロロホルム抽出し，（前述のように）最後にエタノール沈殿してもよい．PCR産物をエタノール沈殿するとき，濃縮DNAは見えないことに注意する．濃縮された増幅DNAをペレット化するには，4℃で30分の遠心が必要であることが非常に多い．
2. 制限酵素解析では，異なる4塩基を切断する酵素（例えばH*ha*IではCCG↓Cである）が用いられる．単一または二重消化のいずれにおいても，典型的な制限酵素解析反応液は全量20 mLである．種々の反応酵素の販売・供給会社が推奨する最適なインキュベート条件がある．通常は，非消化試料を区別するために，酵素のない（非消化）反応を行う．典型的な消化反応液の組成を表6.4に示した．

表6.4 制限酵素消化反応液の組成

組成	体積
鋳型DNA（200〜500 ng）	10 μL
制限酵素（約5 U）	2 μL
10×酵素反応緩衝液	2 μL
水	6 μL
全量	20 μL

3. 制限消化の完了とともに試料に染色材を添加し，ゲル電気泳動により制限断片を確認する．

6.4 直接RFLP解析により得られるDNAフィンガープリント

RFLP解析の理論には，近年，Helmuth and Schroeterによる総説がある[12]．RFLPフィンガープリンティングは，通常は，4〜6 bpの逆方向反復DNA配列である特定の認識場所でゲノムDNAを消化するために，制限酵素（エンドヌクレアーゼ）を使用するということが重要である．生成したDNA断

第6章　DNAフィンガープリンティングによる細菌の分類

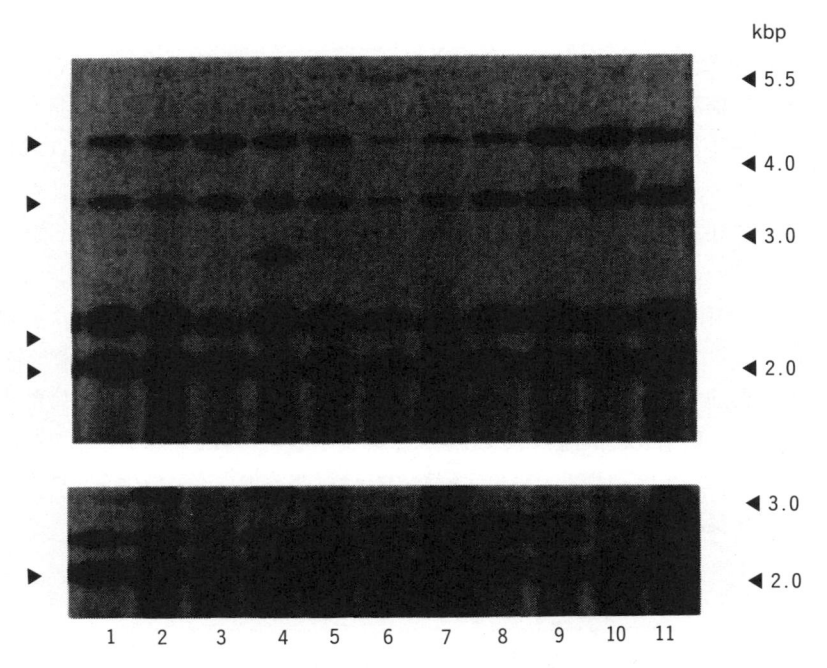

写真 6.2 16S rDNA プローブによるサルモネラ単離株の RFLP フィンガープリント（リボタイプ）

上段　　　 *Nco* I-*Pst* I 消化
下段　　　 *Nco* I-*Pvu* II 消化
右端　　　 バンドサイズマーカー (kbp)
左端　　　 矢印は保存領域のバンドを示す．
レーン1, 4, 7　　 *S. amager*
レーン2　　　　 *S. typhimurium*
レーン3　　　　 *S. ohio*
レーン5　　　　 *S. agona*
レーン6　　　　 *S. montevideo*
レーン8　　　　 *S. give*
レーン9〜11　　 未知のサルモネラ血清型

片を，通常はゲル電気泳動により分離し，ナイロンメンブランに移す．特定の配列を含む断片は遺伝子プローブにより検出される．同じ特定配列がゲノム中の異なる場所にある各細菌単離株が生成する DNA フィンガープリントは異なる（写真 6.2）．

6.4 直接 RFLP 解析により得られる DNA フィンガープリント

　各単離株が生成する RFLP フィンガープリントパターンは，DNA を消化するのに用いた制限酵素および多型性の検出に用いた遺伝子プローブの配列によって異なる．複数の酵素を複数の単離株で試験するスクリーニングにより，有用な酵素は選択できる．二段階消化を用いる場合もある．単離株のリボタイプ（ribotype）を調べるために，リボソーム RNA 遺伝子を標的とした遺伝子プローブが使用される．さらに，挿入配列およびランダム配列はフィンガープリンティングプローブとして使用されている．以下のプロトコルで広く普及しているリボタイピング方法を記述する．^{32}P によりラベルされたプローブまたは非放射性同位体ラベルを使用可能である．

【方法】

1. 約 1 μg の精製ゲノム DNA を制限酵素とともに使用する．ゲノム DNA の直接 RFLP 解析を実行するときは，慣習上，特定の 6 塩基配列を認識して切断するものを用いる．ゲノムを制限する際に使用する制限酵素緩衝液が，使用する酵素に適合するものであることに気をつけなければならない．これは 2 回または複数の消化を実行する場合には非常に重要である．最適条件は酵素供給者によって提示されていることも多い．制限消化反応の基本的な反応液組成は表 6.4 に示されている．

2. 制限酵素消化の終了後，2 μL の染色剤を反応チューブへ添加し，全量をゲル上に負荷する．ゲルを臭化エチジウムで着色し，脱色し，断片は紫外線トランスイルミネーターにより可視化する．制限断片はレーンに沿って縞状に出現する．この縞は，ゲノム DNA 試料が実際に消化され，無数の断片になったことを示す．

3. 次に，ゲルの DNA 断片をナイロンハイブリダイゼーションメンブレンに移す．断片は毛管現象または真空吸引装置により移すことが可能である．市販のハイブリダイゼーションメンブレンの販売・供給者（例：Gene Plus, Nytran）は，以上の各プロセスの詳細なプロトコルを用意している．次に，核酸断片を固定したメンブレンを，ハイブリダイゼーション反応液に浸し，遺伝子プローブ検出を行う．

(1) RFLP 解析用の遺伝子プローブ

細菌ゲノムの 16 S rDNA 領域を標的としたプローブは RFLP 解析において重要である．RFLP 解析で使用可能なプローブを作成するのに有用なことがわかっている 16 S rDNA プライマーは，5′CCG-GAC-AAG-GGG-TGG-AGC-AT 3′ および 5′GTA-CAA-GGC-CCG-GGA-ACG-TA 3′ である．これらのプライマーは（前述のように）標準的な PCR 増幅において適当な細菌鋳型を用いて使用される．PCR 産物を濃縮・精製した後，非放射性同位体標識する．市販のキット（例えば Boeringer Manheim, Pharmacia）の利用により，PCR 産物の濃縮が容易になるだけでなく，非放射性同位体標識のプローブ分子への取込みもまた容易になる．多くの場合，非放射性同位体標識は dioxygenin dUTP（dig-dUTP）の取込みを基本原理としている．

(2) DNA ハイブリダイゼーションおよび検出

ハイブリダイゼーションの背景となる基本原理は，プローブが他の配列中の相補的な配列へアニーリングすることである．フィンガープリント解析では，ゲノム上の種々の領域のプローブに特異的な配列の分布（ハイブリダイゼーション信号）は，各単離株または細菌種に特異的な傾向がある．ハイブリダイゼーションには多くの方法がある．適切な温度で，適切に振とうまたは撹拌しながら，メンブレンをハイブリダイゼーション溶液に浸漬する方法はすべて問題ない．回転振とう機上の密封したプラスチックバッグ中で行うハイブリダイゼーションが普及しており，特殊な装置が必要最低限ですむ．プローブ標識試薬の販売・供給者は，ハイブリダイゼーション反応液，ハイブリダイゼーションおよび検出のために適切な洗浄液および詳細なプロトコルを提供している．

6.5 フィンガープリントパターンの解析

種々のフィンガープリンティング法の最終目標は，近縁関係にある細菌種および単離株を区別できるように再現性のある DNA パターンを生成することである（前述のすべてのプロトコルにおいて）．パターンは，ゲルから直接得られるか（ERIC PCR, AP-PCR, PCR-RFLP），または直接 RFLP 法ではハイブリダイ

ゼーションから得られる．これらのパターンは（視覚化により）単離株の明確な相違を示し，それ以上の解析は不要であることも少なくない．しかし，多くの場合，明確にフィンガープリントを区別するためには，市販のソフトウェア（例えば Scanalytics™）を使用する必要がある．コンピューターソフトウェアを使うには，フィンガープリントパターンをデジタル化データとして利用できる必要がある．このような装置を販売する種々の商業ベンダーがある．装置には比較的安価なデスクトップスキャナーから高性能画像解析装置まである．複数のバンドがある複数のフィンガープリントを視覚で正確に解釈することはできないため，異なるフィンガープリントパターンの違いや関係の記述をコンピューターソフトウェアで行うのが主流となりつつある．

　どのフィンガープリンティング法を選択するかは，研究者の目的および対象生物の配列情報が利用可能か否かにより異なる．RFLP 解析では，フィンガープリントの遺伝子プローブの作成のために，正確な配列情報が必要である．一方，AP-PCR では配列情報が不要である．最終的には，DNA フィンガープリントの解釈はフィンガープリントの作成より困難である．どの単離株に対しても少なくとも二つの異なるフィンガープリントを作成するのが望ましい場合が多い．これは，使用した方法が二つの遺伝子的に異なる生物から，これらの生物が類似であるという結論を導き出す類似のフィンガープリントをたまたま生成する可能性があるからである（疑陽性）．一方で，プロトコルが標準化され注意深く実行されても，単一の方法で二つの同一単離株から異なるフィンガープリントを生成することもありうる．この後者の場合では単離株は異なると推定される（偽陰性）．このため，研究室と科学者が異なる場合，生成されたフィンガープリントの比較には注意を要する．

● 追加情報

　細菌，ウイルスおよび原虫病原体の検出を目的とした分子タイピング方法および核酸増幅技術の応用の追加情報は American Society for Microbiology の出版物である "Diagnostic Molecular Microbiology-Principles and Applications" で取得可能である[2]．

第6章　DNAフィンガープリンティングによる細菌の分類

文献

1) Pepper IL, Pillai SD. Detection of specific DNA sequences in environmental samples via polymerase chain reaction. In: Weaver RW et al, eds. Methods of Soil Analysis, Part 2. Microbiological and Biochemical Properties. Madison, WI: Soil Science Society of America, 1994: 707-726.
2) Persing DH. In vitro nucleic acid amplification techniques. In: Persing DH, Smith TF, Tenover FC et al, eds. Diagnostic Molecular Microbiology—Principles and Applications. Washington, DC: American Society for Microbiology 1993:51-87.
3) Persing DH. Target Selection and Optimization of Amplification Reactions. In: Persing DH, Smith TF, Tenover FC et al, eds. Diagnostic Molecular Microbiology—Principles and Applications. Washington, DC: American Society for Microbiology, 1993:88-104.
4) Giovannoni S. The polymerase chain reaction. In: Stackebrandt E, Goodfellow M, eds. Nucleic Acid Techniques in Bacterial Systematics. West Sussex, England: John Wiley & Sons, 1991.
5) Welsh J, McClelland M. Fingerprinting genomes using PCR with arbitrary primers. Nucleic Acids Research 1990; 19:861-866.
6) Welsh J, McClelland M. Characterization of pathogenic microorganisms by genomic fingerprinting using arbitrarily primed PCR. In: Persing DH, Smith TF, Tenover FC et al, eds. Diagnostic Molecular Microbiology—Principles and Applications. Washington, DC: American Society for Microbiology, 1993: 595-602.
7) Williams JGK, Kubelik AR, Livak KJ et al. DNA polymorphisms amplified by arbitrary primers are useful as genetic markers. Nucleic Acids Research 1990; 18:6531-6535.
8) de Bruijn FJ. Use of repetitive (repetitive extragenic palindromic and enterobacterial repetitive intergenic consensus) sequences and the polymerase chain reaction to fingerprint the genomes of *Rhizobium meliloti* isolates and other soil bacteria. Appl Environ Microbiol 1992; 58:2180-2187.
9) Martin B, Humbert O, Camara M et al. A highly conserved repeated DNA element located in the chromosome of *Streptococcus pneumoniae*. Nucleic Acids Research 1992; 20:3479-3483.
10) Brikun I, Suziedelis K, Berg DE. DNA sequence divergence among derivatives of *Escherichia coli* K-12 detected by arbitrary primer PCR (random amplified polymorphic DNA) fingerprinting. J Bacteriol 1994; 176:1673-1682.
11) Woods JP, Kersulyte D, Tolan RW et al. Use of arbitrarily primed polymerase chain reaction analysis to type disease and carrier strains

of *Neisseria meningitidis* isolated during a university outbreak. J Inf Dis 1994; 169:1384-1389.
12) Helmuth R., Schroeter A. Molecular typing methods of *S. enteritidis*. International J Food Microbiology 1994; 21:69-77.

付録

■遺伝子DNA抽出に要する機材と試薬
1. 滅菌済みのねじ栓付きディスポーザブル遠心管
2. 滅菌済み普通ブイヨン
3. リゾチーム入りのGTE緩衝液（50 mMブドウ糖, pH 8.0の25 mM Tris, pH 8.0の10 mM EDTAおよび5 mg/mLリゾチームを含有）. リゾチームを除いて調製し, オートクレーブして室温保存する. 使用の都度, リゾチームを添加し, DNA抽出用の緩衝剤として用いる.
4. プロテイナーゼK溶液（1 mM塩化カルシウム, pH 8.0の50 mM Trisおよび20 mg/mLプロテイナーゼKを含有）. プロテイナーゼKを除いて調製し, オートクレーブした後, プロテイナーゼKを添加する. 0.6 mLマイクロ遠心管に約100 μLずつ分注して−20℃で保存する. 過剰な冷凍や融解は避ける.
5. 滅菌蒸留水に溶解した10%SDS（ドデシル硫酸ナトリウム）
6. CTAB抽出緩衝液（pH 7.5の0.1 M Tris, 0.7 M塩化ナトリウム, pH 8.0の40 mM EDTA, 2 g/100 mL CTAB（cetyl-trimethyl-ammonium-bromide）および10%SDS 10 mL/100 mLを含有）. CTABとSDSを除いて作成し, pH 7.5に調整後, オートクレーブして室温保存する. 使用の都度, CTABを2 g/100 mL加えて65℃に加温溶解し, 10%SDSを20 mL/100 mL（訳者注：直前では10 mL/100 mLと記してあり, どちらが正しいのか不明）加える.
7. pH 7.0緩衝フェノール・クロロホルム・イソアミルアルコール（Amresco, Solon, OH）
8. クロロホルム・イソアミルアルコール（Amresco, Solon, OH）
9. RNase（DNaseフリーのもの）の滅菌済み10 mg/mL水溶液（Amresco, Solon, OH）
10. 70%および100%エタノール
11. 滅菌済みTE緩衝液（pH 8.0の10 mM TrisおよびpH 8.0の0.5 mM EDTAを含有）

第6章　DNAフィンガープリンティングによる細菌の分類

■ ERIC-PCR 分析法に要する機材と試薬
1. 温度サイクル装置（DNAサーマルサイクラー）
2. PCR用 500 μL チューブ
3. 10倍濃度 PCR 緩衝液（Perkin Elmer Corp., CA）
4. ろ過滅菌した DMSO
5. PCR dNTP 混液（Perkin Elmer Corp., CA）
6. Ampli Taq DNA ポリメラーゼ（5 U/μL）（Perkin Elmer Corp., CA）
   ウシ胎児血清アルブミン（BSA）（Sigma, St. Louis, MO）（1 mg/mL）

■ PCR-RFLP 分析法に要する機材
1. 10倍濃度 PCR 緩衝液
2. PCR dNTP 混合液
3. Ampli Taq DNA ポリメラーゼ（5 U/μL）
4. PCR 産物精製キット（Promega, Madison, WI）
5. 制限酵素と適当な緩衝液

■直接 RFLP 分析法に要する機材
1. 制限酵素と適当な緩衝液
2. ゲル電気泳動装置と緩衝液
3. ナイロンメンブラン上に DNA 断片を固定するための装置および適当な試薬
4. 遺伝子プローブ分析のための試薬と標識プローブ

第7章
地下水における微生物移動のモデル化

Sookyun Wang and M. Yavuz Corapcioglu

　過去数十年にわたって，地表面下の環境における微生物の消長や，移動（transport）に関する観測・研究が行われてきた．初期の研究の主な関心は公衆衛生であり，病原性細菌やウイルスなど「病気の原因となる」微生物による汚染から飲料水の水源を保全することであった．最近，遺伝子工学でつくられた細菌を用いて，有害汚染物を生物分解することが可能になってきたこともあって，研究者は新たな課題に取り組み始めた．すなわち，多孔媒体（porous media）中での細菌移動のモデル化や，細菌移動に影響を及ぼす要因を見出すための実験などである．

　地表面下の環境中における微生物移動のモデル化は非常に複雑である．その移動は物理学的，化学的，微生物学的プロセスが結合した現象であり，例えば移流（advection），分散（dispersion），拡散（diffusion），浸透（filtration），吸着（adsorption），脱着（desorption），走化性（chemotaxis），増殖（growth），不活化（inactivation）などが関係している．しかも，これらの現象のいくつかについては，まだ部分的にしか明らかになっていない．さらに地表面下の不均質性に関する知識不足のため，実際に野外で適用できるモデルを開発することは，一層複雑な課題となっている．しかしながら，例えば一次元カラムでの研究や小規模単層の野外調査，といった比較的単純な形態の場合に得られた実験データについては，いくつかの数学モデルによって良好にシミュレートすることができ，実際，産業用途にも適用されている．本章では，微生物の消長や移動に影響する重要な要因や現象について概観し，これらの要因の数学的表現方法や一連の支配方程式に組み込む方法について述べる．

7.1 微生物に関する一般的な移動方程式

多くの研究者たちが，現在までに数え切れないほど多くの方法でさまざまな移動方程式を提案してきたけれども，ほとんどのモデルの出発点は基本的に物質収支方程式である．Corapcioglu and Baehr[1] は多相，多成分系の移動モデルとして，次の一般的な方程式を開発した．

$$\frac{\partial}{\partial t}(C_k\theta_w+G_k\theta_a+S_k\rho_s)+\nabla\cdot(J_{kw}+J_{ka})=-R_{\text{bio}}^k+R_{\text{chem}}^k \tag{1}$$

ここに，k は微生物や物質などの成分であり，C_k, G_k, S_k はそれぞれ成分 k の水，空気，固体の各相における濃度である（C_k, G_k：[$M_k/V_{\text{each phase}}$]，$S_k$：[$M_k/M_{\text{soil}}$]）．$\theta_w$, θ_a はそれぞれ水相，空気相の体積比率 [$V_{\text{each phase}}/V_{\text{total}}$] であり，$\rho_s$ は土の密度 [$M_{\text{soil}}/V_{\text{total}}$] である．$J_{kw}$ と J_{ka} はそれぞれ成分 k の水相，空気相における非反応的な物質フラックス [M/L^2T] である．R_{bio}^k と R_{chem}^k はそれぞれ生物的，化学的反応による成分 k の総変化率である [M/L^3T]．

飽和状態では水相と固相の2相を考えればよく，不飽和状態ではさらに気相を付け加える．式(1)の第1項は単位時間，単位体積当りに水相，気相，固相中で成分 k が変化する率である．反応項（R_{bio}^k と R_{chem}^k）は多くの生成や除去プロセスを含み，多くの研究者が関心をもっている点である．これらについては後で説明する．

本章では考察を簡単にするため，飽和多孔質中における一次元の微生物移動に限って検討する．Corapcioglu and Haridas[2]，Corapcioglu and Haridas[3] は，基質存在下での微生物の消長と移動に関する数学モデルを開発した．飽和多孔質中での水相，固相それぞれに対する微生物の物質収支式は次式となる．

$$R_a+\frac{\partial(\theta C)}{\partial t}=D\frac{\partial^2(\theta C)}{\partial x^2}-\nu_x\frac{\partial(\theta C)}{\partial x}+R_{gf}+R_{df} \tag{2}$$

$$\frac{\partial(\rho_m\sigma)}{\partial t}=R_a+R_{gs}+R_{ds} \tag{3}$$

ここに，C は水相中の微生物濃度 [$M_{\text{microorganism}}/V_{\text{water}}$]，$\theta$ は空隙率 [$V_{\text{pore}}/V_{\text{total}}$]，$D$ は水理学的な分散係数 [L^2/T]，ν_x は地下水流の平均速度 [L/T]，ρ_m は微生物の密度 [$M_{\text{microorganism}}/V_{\text{microorganism}}$]，$\sigma$ は全媒質に対する吸着微生物

の体積割合［$V_{microorganism}/V_{porous\ medium}$］，$t$ は時間［T］，x は発生源からの距離［L］である．R_a は土粒子表面への微生物の総吸着・脱着率［M/L^3T］，R_{gf}，R_{gs} はそれぞれ水相，固相での微生物増殖速度［M/L^3T］，R_{df}, R_{ds} はそれぞれ水相，固相での微生物不活化速度［M/L^3T］である．次に各項について説明する．

7.2 微生物の消長と移動に影響する現象

(1) 移　　流

多孔質中での地下水の平均流速はダルシーの法則により，次式で表される．

$$\nu_x = \frac{K}{\theta} \cdot \frac{dh}{dx} \tag{4}$$

ここに，K は透水係数［L/T］，dh は2点間のピエゾ水頭差［L］，dh/dx は動水勾配である．地下水とともに運ばれる非反応性溶質は，地下水の平均流速（ν_x）に等しい速度で移動する．この移流プロセスは，多孔質内で地下水による物質移動を扱うときの主要要素の一つである．水相において運ばれる非反応性物質の量は，地下水中の物質濃度と多孔質の単位断面を垂直に流れる地下水量の積によって得られる．水相での移流による非反応性溶質の物質移動量は次式で表せる．

$$J_{adv} = \nu_x \theta C \tag{5}$$

微生物の場合，帯水層材料と反応するので，微生物濃度のフロントは非反応性物質の場合より遅れて移動する．この遅れ効果は後ほど検討する．

(2) 分　　散

実際の地下水の流れが曲がりくねっていたり，空隙のサイズが場所的に異なっていたりすることによる流体運動により分散が生じ，流れの経路に沿って，微生物を含む水が周囲へ広がっていく．この混合は機械的分散といわれ，その結果，運ばれる微生物濃度は減衰し，流れの境界も広がっていく．

拡散は，溶質が広がっていくもう一つのメカニズムである．溶液中での濃度勾配によって拡散が生じ，高濃度の領域から低濃度の領域へ溶質が移動する．これ

は流体が静止しているか，運動しているかに依存しない（Fetter[4]）．移動現象をモデル化するとき，機械的分散と分子拡散は一つにまとめられて，水理学的分散係数と呼ばれる．この分散係数は，両方のプロセスを考慮して，次式で表される．

$$D = D^* + \alpha \cdot \nu_x \tag{6}$$

ここに，D^* は分子拡散係数 $[L^2/T]$，α は分散性（dispersivity）$[L]$ である．分散性は帯水層材料の特徴的な性質であるから，媒体の不均一性に影響される．特に大きなスケールでは，媒体の不均一性は増加し，分散性に大きく影響する．溶質の移動距離が増すにつれ，分散性は大きくなる（スケール効果）．実験室で測定した分散性は cm オーダーであるが，野外スケールでは m オーダーとなる．機械的分散と分子拡散による微生物の移動量は，分散係数を用いて次式で表せる．

$$J_{\text{hyd.disp}} = -D \nabla \theta C \tag{7}$$

（3） 吸着と脱着

吸着プロセスによって，水相の溶質は溶液中から除去され，土粒子表面上に蓄積される．土粒子表面への微生物の吸着は，主として静電二重層相互作用および土粒子・微生物間のファン・デル・ワールス力に支配される．この二つの支配要素は，次のようなさまざまな環境要因に影響される．

① 例えば土壌の種類，土壌水のイオン強度，微生物の疎水性（hydrophobicity）や親水性（hydrophilicity）など，微生物や土粒子の物理的・化学的性質，および地下水中の有機物やフミン質の量
② 地下水の pH
③ 地下水の流動特性
④ 飽和度（Corapcioglu and Haridas[2]，Yates MV and SR Yates[5]）

吸着プロセスのモデル化には二つの方法，すなわち平衡（equilibrium）モデルと動力学（kinetic）モデルが適用される．

（4） 平衡モデル

平衡モデルは局所的平衡の仮定に基づいている．すなわち，吸着・脱着プロセ

スの速度が，移流，分散，増殖，分解など他のプロセスに比べて非常に速く，そして水相と固相の溶質濃度が瞬時に平衡状態に達するという仮定である．局所平衡仮定が適用できる場合，水相―固相間の溶質の平衡は吸着等温式（adsorption isotherm）と呼ばれる関係で表される．この場合，土壌の単位質量当りに吸着される物質量（C^*）は，水相にある溶質の平衡濃度（C）の関数で表される．最も単純な関係は線形等温式であり，固相の溶質濃度は水相の溶質濃度の一次関数で表され，次式となる．

$$C^* = K_d C \tag{8}$$

ここに，C^* は固相単位質量当り固相表面に吸着された溶質の質量 [M_{solute}/M_{solid}] である．K_d は分配係数 [$V_{solution}/M_{solid}$]，C は水相での濃度 [$M_{solute}/V_{solution}$] である．この線形関係は，一般に溶質濃度が低い場合に成り立つ．線形関係が微生物の吸着プロセスを表すのに用いられるとき，吸着速度 R_a は次式となる．

$$R_a = \frac{\partial(\rho_b C^*)}{\partial t} = \frac{\partial(\rho_b \cdot K_d C)}{\partial t} \tag{9}$$

ここに，ρ_b は土のかさ密度である．

したがって，式(2)は次式となる．

$$R\frac{\partial C}{\partial t} = D\frac{\partial^2 C}{\partial x^2} - \nu_x \frac{\partial C}{\partial x} + \frac{1}{\theta}(R_{gf} + R_{df}) \tag{10}$$

ここに，R は遅延ファクターである（$=1+(\rho_b \cdot K_d)/\theta$）．このファクターは微生物が多孔媒体中を移動する際に，その移動の遅れを表している．この遅延効果によって，微生物は地下水よりも遅い速度で移動する．すなわち微生物移動の平均速度 ν_c は，次式となる [L/T]．

$$\nu_c = \nu_x \Big/ \left(1 + \frac{\rho_b \cdot K_d}{\theta}\right) \tag{11}$$

したがって，移流プロセスによる微生物（反応性溶質）の移動フラックスは，ν_c を用いて，次式で表せる．

$$J_{adv} = \nu_c \theta C \tag{12}$$

高い溶質濃度の場合，水相―固相間の平衡は非線形となる．最もよく用いられる非線形平衡吸着等温式は，フロイントリッヒ（Freundlich）とラングミュア（Langmuir）の吸着等温式である．フロイントリッヒの吸着等温式は次式で定

義される．
$$C^* = K_d C^n \tag{13}$$
ここに，K_d と n は実験データに等温式をあてはめて得られる定数である．フロイントリッヒの吸着等温式を適用すると，式(2)は次式となる．
$$R_F \frac{\partial C}{\partial t} = D \frac{\partial^2 C}{\partial x^2} - \nu_x \frac{\partial C}{\partial x} + \frac{1}{\theta}(R_{gf} + R_{df}) \tag{14}$$
ここに，R_F はフロイントリッヒの吸着等温式に対する遅延ファクターである $\left(=1+\frac{\rho_b \cdot K_d n}{\theta} C^{n-1}\right)$．線形吸着等温式はフロイントリッヒの吸着等温式の特別な場合である（$n=1$）．線形吸着等温式とフロイントリッヒ吸着等温式の理論的弱点は，吸着量に上限がない点である．

このような理論的弱点をなくすために，土壌の吸着容量に限界があるという仮定を用いて，次式のラングミュア吸着等温式が導かれた．
$$\frac{C}{C^*} = \frac{1}{\alpha\beta} + \frac{C}{\beta} \tag{15}$$
ここに，α は吸着定数であり，結合エネルギーに関係している．また β は土壌によって吸着される最大溶質量である．ラングミュア吸着等温式に対する遅延ファクター（R_L）は $1+\frac{\rho_b}{\theta}\left(\frac{\alpha\beta}{(1+\alpha C)^2}\right)$ となる．

多くの吸着に関する研究によれば，土粒子への微生物吸着実験データは，ラングミュア吸着等温式よりもフロイントリッヒ吸着等温式のほうに，よりよく適合している（Corapcioglu and Haridas[2]）．

（5） 動力学モデル

吸着プロセスをモデル化するもう一つの方法は動力学モデルである．吸着プロセスの速度が他のプロセスに比べてそれほど速くなく，局所平衡仮定が適当でない場合，動力学モデルを適用すべきである．動力学モデルは吸着プロセスだけでなく，脱着プロセスも考慮しており，水相と固相の溶質濃度を一次関係で表している．Corapcioglu and Haridas[2] の動力学モデルでは，ろ過や沈殿，吸着によって微生物が付加されるプロセスと，固体表面から微生物が脱離するプロセスを同時に記述している．このモデルでは，吸着と脱着を含む速度を次式で表してい

7.2 微生物の消長と移動に影響する現象

る．

$$R_a = k_1 \theta C - k_2 \rho_m \sigma^h \tag{16}$$

ここに，k_1 は吸着速度定数 [1/T]，k_2 は脱着速度定数 [1/T]，h は実験により決まる定数であり，C と σ の関係に依存する．

(6) その他のアプローチ

A) 一次二連続体モデル（二場所モデル）

吸着プロセスに関する従来の研究では，土壌や堆積物や帯水層材料の表面といった吸着場所の性質は均質であるという仮定が用いられてきた．しかし，室内や野外での多くの実験によると，吸着場所の非均質性を考慮する必要がある．Brusseau[6]（1992）は，「一次二連続体アプローチ（first-order bicontinuum approach）」によるモデルを開発した．すなわち，吸着場所の一部分（瞬時吸着場所）には平衡吸着を適用し，それ以外の吸着場所（非瞬時吸着場所）には動力学吸着を適用した．このアプローチによれば，それぞれの吸着場所でのプロセスは次式で表される．

$$S_1 = FK_p C \tag{17}$$

$$S_2 = (1-F)K_p C \tag{18}$$

そして，吸着動力学式は次式で表される．

$$\frac{\partial S_1}{\partial t} = FK_p \frac{\partial C}{\partial t} \tag{19}$$

$$\frac{\partial S_2}{\partial t} = k_1 S_1 - k_2 S_2 = k_2[(1-F)K_p C - S_2] \tag{20}$$

ここに，S_1, S_2 はそれぞれ瞬時吸着場所と非瞬時吸着場所での固相溶質濃度であり [M/L^3]，F は瞬時吸着場所の割合，K_p は全多孔質に対する平衡吸着定数である（訳者注：k_1, k_2 は定数 [1/T] で，$k_1/k_2 = (1-F)/F$）．

B) 二重空隙モデル

二重空隙モデル（dual porosity model）は，2種類のサブ構造をもつシステムにおける，地下水流動と溶質移動をシミュレートするために開発された．水文地質学的パラメーター，例えば空隙率などは，それらのサブ構造ごとに異なった値をもっている．そしてこれらのサブ構造間では，相互に溶質移動が生じる．

Bales et al.[7] は，割れ目のある岩石中で行った，バクテリオファージの移動実験の結果を解釈するために，二重空隙モデルを開発した．このモデルではミクロ空隙域とマクロ空隙域を考慮している．多孔岩石中のミクロ空隙域は滞留域（immobile region）とみなされ，地下水流動はなく，拡散のみによる溶質移動が生じる．一方，マクロ空隙域は流動域（mobile region）であり，移流や水理学的分散が生じる．このような2種類の空隙特性をもつ媒体中での一次元溶質移動に関する物質収支方程式は，二領域間の物質移動や吸着を考慮して，次式となる．

$$[\theta_m + f\rho_b K_d]\frac{\partial C_m}{\partial t} + [\theta_{im} + (1-f)\rho_b K_d]\frac{\partial C_{im}}{\partial t}$$
$$= \theta_m D\frac{\partial^2 C_m}{\partial x^2} - \theta_m \nu_x \frac{\partial C_m}{\partial x} \tag{21}$$

$$[\theta_{im} + (1-f)\rho_b K_d]\frac{\partial C_{im}}{\partial t} = \alpha_f(C_m - C_{im}) \tag{22}$$

ここに，C_m, C_{im} はそれぞれ流動域，滞留域の溶質濃度であり，θ_m, θ_{im} はそれぞれの領域での水相の体積比率，f は流動域が占める水の割合である．また α_f は物質移動係数であり［1/T］，溶質の拡散性や滞留域の形状に関係している（Bales et al.[7]）．

C) 微生物により加速される移動モデル

　最近，地下水中のコロイドがもっている溶質輸送能に注目が集まっている．すなわち，水相においてコロイドの表面に吸着された溶質が，コロイドによって運ばれるという現象である．従来の吸着を含む移流分散方程式で予測される移動距離よりも，移動性コロイドの存在する場合のほうが，溶質はより遠くまで運ばれる．ほとんどの疎水性溶解質は，容易に帯水層材料やコロイドに吸着される（Corapcioglu and Jiang[8]）．たいていの帯水層には固有の細菌が存在し（Updegraff[9]），そのサイズはコロイドと同程度である．そして無機コロイドと同じく，自然環境において細菌の表面は負に荷電している（Harden and Harris[10]）．その結果，細菌は安定なコロイド懸濁液を形成し（Marshall[11]），栄養塩を含む溶質は細菌の表面に吸着したり，そこから脱着したりする（Canton et al.[12]）．これらの観察から，細菌がキャリア物質のように働き，地表面下の環境中における溶質の移動を加速していることがわかる．そして，それは微生物の増殖や減衰の

メカニズムにも影響を与えている．水相中の溶質のように，ウイルスは移動性コロイドの表面に吸着され，より遠くまで移送される．

水相中において移動性コロイドにより運ばれる溶解質の移動量は，次式で表される（Kim and Corapcioglu[13]）．

$$J_{\text{colloidal facilitated}} = \sigma_{cm}[-D\nabla(\theta C) + \theta\nu_c C] \tag{23}$$

ここに，σ_{cm} は移動性コロイドの単位質量中，コロイド表面に付着した汚染物質量の割合である．

（7） 増殖と減衰

他の多くの生物のように，微生物群は増殖したり死滅したりする．微生物の移動をモデル化する場合，増殖（growth）や減衰（decay）という用語は，微生物細胞数の増加および減少を意味する．自然界での微生物群の増殖や減衰は，主としてそれらの生息環境に依存している．それぞれの環境条件にどの程度耐えうるかということは，各微生物によって異なる．したがって，微生物の増殖や減衰に対する環境条件の影響を理解することは，微生物の消長や移動をモデル化するうえで，極めて重要である．

細菌群は必要な基質や電子受容体を消費して増殖する．しかしながら，多孔質中での微生物移動を扱うほとんどの数学モデルにおいて，水相・固相でのウイルス増加率は省略されてきた．それは，ウイルスが適当な宿主細胞内においてのみ増殖できるからである．

Monod式は細菌増殖のモデル化に最もよく用いられる．基質，電子受容体，あるいは最大成長速度に必要なその他の要素といった成長制限栄養塩（growth-limiting nutrients）濃度の関数として，微生物増殖速度を表現している．微生物増殖速度は，微生物濃度（C）と比増殖速度（μ：specific growth rate）によって，次のように表される．

$$R_{gf} = \mu\theta C, \qquad R_{gs} = \mu\rho_m\sigma \tag{24}$$

$$\mu = \mu_{\max}\frac{S}{K_s + S} \tag{25}$$

ここに，$\mu_{\max}$ は最大比増殖速度（maximum specific growth rate）[1/T]であり，S は基質（または制限栄養塩）濃度 [M/L^3]，K_s は半飽和定数であり，μ

$=0.5\mu_{max}$ となる S の値である［M/L^3］(Corapcioglu and Haridas[2], Bailey and Ollis[14]). 二つの Monod パラメーター（μ_{max} と K_s）は，微生物や基質に関する実験により決定される．

二つ以上の成長制限栄養塩が存在する場合，多栄養塩制限を適用しなければならない．最もよく用いられる表現は変形 Monod 式であり，次式となる（Bailey and Ollis[14]）．

$$\mu = \mu_{max}\left(\frac{S_1}{K_{s_1}+S_1}\right)\left(\frac{S_2}{K_{s_2}+S_2}\right)\cdots\cdots\left(\frac{S_n}{K_{s_n}+S_n}\right) \tag{26}$$

Widdowson et al.[15] は，微生物増殖速度は最も制限的な栄養塩によって制限されるという仮定に基づいて，別の方法を提案した．

$$\mu = \mu_{max}\left[\min\left\{\left(\frac{S_1}{K_{s_1}+S_1}\right)\left(\frac{S_2}{K_{s_2}+S_2}\right)\cdots\cdots\left(\frac{S_n}{K_{s_n}+S_n}\right)\right\}\right] \tag{27}$$

式(27)の利点は数値計算の簡素化である．しかし，多制限栄養塩モデリングに関して，この式を含めて，どの式がより正確であるかを判定する証拠はない．

ほとんどの研究者は，微生物の成長をモデル化する際に，遅れ期間/馴致(acclimation) 期間を無視してきた．その理由は，モデル化しようとするシステムが前もって基質に対して馴致されているということ，あるいはその現象がまだ部分的にしか明らかになっていないということである．しかし，微生物の増殖をモデル化する場合，遅れ期間を考慮することは重要である．というのは，微生物が最大速度で増殖できるまで，微生物を栄養塩に馴致させるには，かなりの時間が必要であるからだ．Wood et al.[16] は，次式の代謝ポテンシャル関数(metabolic potential function) を用いて，遅れ期間をモデル化した．

$$\left.\begin{array}{ll} \lambda = 0 & \tau < \tau_L \\ \lambda = \dfrac{\tau - \tau_L}{\tau_E - \tau_L} & \tau_L \leq \tau \leq \tau_E \\ \lambda = 1 & \tau > \tau_E \end{array}\right\} \tag{28}$$

ここに，λ は代謝ポテンシャル関数であり，τ は微生物と基質の接触時間［T］，τ_L は遅れ時間（顕著な増殖が始まるまでの時間）［T］，τ_E は対数増殖速度に到達するまでの時間［T］である．

関数 λ は微生物の増殖に用いられ，増殖速度を支配する．馴致期間が τ_L から τ_E へ増すにつれ，λ は 0 から 1 へ増加する．基質や電子受容体などの制限栄養塩

が他のメカニズムに比べてより速く移動するとき，遅れ関数を増殖モデルで用いることは本質的に重要である．それゆえに，流動条件や微生物の増殖速度に影響する因子に応じて，代謝ポテンシャル関数(λ)を適用すべきかどうか考慮する必要がある．

栄養塩消費との関係で考えるとき，微生物の増殖プロセスは極めて複雑である．さらに詳細な考察は本章の範囲を超えている．この点に関するさらに多くの情報を得たければ，生分解に関する文献が参考になるだろう．

微生物の消長と移動を支配するもう一つの主要因子は，微生物の減衰あるいは不活化である．自然条件では，土壌に付着した病原菌の濃度は，2，3か月以内で無視できるほどになる．地表面下の環境において，微生物減衰に関する重要な因子は，地下水の温度とpH，多孔質の水分含有，土壌のタイプである（Gerba et al.[17]）．

数式モデルでは，微生物の減衰は不可逆的な消失項として，次に示すような微生物濃度の一次関数として表される．

$$R_{d_f} = -k_d \theta C, \qquad R_{d_s} = -k_d \rho_m \sigma \tag{29}$$

ここに，k_d は微生物の減衰率 [1/T] である．Corapcioglu and Haridas[2] は，同一の減衰率(k_d)が水相と固相に適用できると仮定した．しかし，Hurst et al.[18] の実験によると，土表面への微生物吸着が微生物の生存に影響を与えており，水相と固相では減衰率が異なることを暗に示唆している．

上述のように，微生物の減衰率は環境に対して非常に敏感であり，地表面下の環境における微生物の消長を決定する主要因子の一つである．したがって，特定の条件下における正確な減衰率の決定は，微生物移動をモデル化する際の重要な手順である．

(8) 運動性と走化性

Escherichia coli や *Salmonella typhimurium* などの腸内細菌は，周囲の化学物質濃度のごくわずかな差異を検出できる．微生物は，自分たちに有益な誘引物質に近づき，そして有害物質などは避ける．*Pseudomonas putida* やその他の土壌微生物は，塩素化炭化水素などのような，エネルギー源になりそうな化学汚染物質のほうへ向かって泳ぐことができる（Harwood et al.[19]）．誘引物質のより

高濃度のほうへ，また忌避物質のより低濃度のほうへ細菌を向かわせるこの現象は，走化性（chemotaxis）として知られている．そして，地表面下の微生物集団の生存位置を突き止めたり，化学汚染物質へ微生物を誘導したりするうえで，重要な役割をもっている．

誘引物質（細菌増殖に必要な基質や電子受容体）濃度 (S)，および走化性細菌濃度 (C) に関する一次元物質収支式は，次式で表せる．ただし，細菌のランダム運動と走化性を考慮し，移流はないとする（Barton and Ford[20]）．

$$\frac{\partial S}{\partial t} = -\frac{\partial J_s}{\partial x} - r_s \tag{30}$$

$$\frac{\partial C}{\partial t} = -\frac{\partial J_c}{\partial x} + R_g \tag{31}$$

ここに，J_s と J_c は，それぞれ誘引物質フラックス，および分子拡散やランダム運動，走化性により生じる細菌フラックスである [M/L²T]．r_s は細菌増殖に伴う基質利用速度 [M/L³T]，R_g は細菌増殖速度である [M/L³T]．これらの方程式では，固体表面への誘引物質や細菌の吸着速度，および減衰速度は簡単のため無視できると仮定した．

Keller and Segel[21] によると，移流のない場合，細菌フラックスはランダム運動と走化的運動に支配され，次式で表される．

$$J_c = -\mu_r \frac{\partial C}{\partial x} + V_c C \tag{32}$$

ここに，μ_r はランダム運動係数 [L²/T] であり，V_c は走化速度である [L/T]．式(32)では，ランダム運動を拡散型で表し，走化的運動を移流型で表している．多孔媒体中での走化速度は，例えば Barton and Ford[20] によると，次のように表される．

$$V_c = s \cdot \tanh\left\{\frac{\chi_0}{s} \frac{K_b}{(K_b+S)^2} \frac{\partial S}{\partial x}\right\} \tag{33}$$

ここに，s は細菌の平均一次元遊泳速度 ($=V_x/2$)，χ_0 は走化性係数，K_b は誘引物質と受容体との間の相互作用に関する結合定数である．

7.3 利用可能な微生物移動モデル

　地表面下における微生物の移動と消長に関する文献の中に，予測モデルとして利用できるものがいくつかある．Groser[22]は多孔媒体中でのウイルス移動に関する一次元移流分散モデルを開発した．このモデルでは局所平衡を仮定し，水相と固相で同じ減衰率を用いている．Tim and Mostaghimi[23]は，ウイルスの平衡吸着と水・固相同一のウイルス減衰率を用いて，変動する飽和媒体中におけるウイルス移動の数値計算モデルを作成した．

　Park et al.[24]は半解析的・数値的モデルVIRALTを開発した．このモデルはウイルスの平衡吸着と温度依存性の不活化を考慮しており，不飽和帯と飽和帯におけるウイルスの定常的および過渡的な移動を取り扱っている．

　Corapcioglu and Haridas[2]は病原微生物の吸着・脱着，増殖・減衰を考慮した数値モデルを提示した．Barton and Ford[20]は細菌のランダム移動と走化的挙動を考慮した細菌移動の数学的モデルを開発した．Reddy and Ford[25]は吸着を含む移流分散モデルを用いて，平衡吸着による結果と動力学的吸着（Monod式）による結果を比較した．

　ここで，重大な基本的誤りのある二つの研究について，読者に注意を喚起しておきたい．Matthes et al.[26]は地下水中での細菌移動のシミュレーションにおいて，従来の溶質移動方程式の使用を提案した．その移動方程式において"filter factor"と"distribution coefficient"を用いることによって，物理的な粒子捕捉プロセスと化学的な吸着プロセスの効果を分離した．しかし，地下水中での細菌移動の間に，これらの効果が独立に観測・検証されることは，まったくありえない．したがってこのようなアプローチは，たとえ問題がないにしても，実際的ではない．また，Matthes et al.[26]は地下水より細菌のほうが速く移動することを，1より小さい値の遅延ファクターによって説明しようとしているが，これは間違っている．水理学的クロマトグラフィー（Corapcioglu et al.[27]）として知られるこの現象は，ブラウン運動と粒子の負電荷による陰イオンの排斥によって説明できる．さらにMatthes et al.[26]の方程式は，一部の項だけが遅延ファクターで除してあり，また細菌増殖が無視されているという誤りをも含んでいる．

Sim and Chrysikopoulos[28]は飽和多孔媒体中における一次元ウイルス移動に関する解析解を発表した．しかし，それは間違った支配方程式群に対する解である．浮遊分と吸着分を加えたウイルス総量の収支式は，吸着ウイルスの減衰項を含んでいるが，吸着ウイルスの収支式はその減衰項を含んでいない．したがって，結果的には間違った解になっている．

● 追加情報

環境中における微生物消長のモデル化に関する情報は，American Society for Microbiology（米国微生物学会）出版の "Modeling the Environmental Fate of Microorganisms"[29] や Corapcioglu et al.[27]，Yates et al.[5] にある．地表面下の微生物移動に関する実験室や野外での研究方法については，American Society for Microbiology 出版の "Manual of Environmental Microbiology"[30] が参考になる．

文献

1) Corapcioglu MY, Baehr AL. A compositional multiphase model for groundwater contamination by petroleum products 1. Theoretical consideration. Water Resour Res 1987; 23(1):191-200.
2) Corapcioglu MY, Haridas A. Microbial transport in soils and groundwater, a numerical model. Adv in Water Resour 1985; 8:188-200.
3) Corapcioglu MY, Haridas A. Prediction of bacterial and viral transport in groundwater by deep-bed filtration equation. In: Kobus HE Kinzelbach W, eds. Contaminant Transport in Groundwater. A.A. Belkema Publ. Rotterdam, Netherlands: 1989; 199-206.
4) Fetter CW. In: Contaminant Hydrogeology, New York: MacMillan, 1993.
5) Yates MV, Yates SR. Modeling microbial fate in the subsurface environment. CRC Critical Reviews in Environmental Control 1988; 17(4):307-345.
6) Brusseau ML. Rate-limited mass transfer and transport of organic solutes in porous medium that contains immobile immiscible organic liquids, Water Resour Res 1992; 28(1):33-45.

7) Bales RC, Gerba CP, Grondin GH et al. Bacteriophage transport in sandy soil and fractured tuff. Appl Environ Microbiol 1989; 55(8):2061-2067.
8) Corapcioglu MY, Jiang S. Colloid-facilitated groundwater contaminant transport. Water Resour Res 1993; 29(7):2215-2226.
9) Updegraff DM. Background and particle applications of microbial ecology. In: Hurst CJ, ed. Modeling the Environmental Fate of Microorganisms. Washington, DC: American Society for Microbiology, 1991:1-20.
10) Harden VP, Harris JO. The isoelectric point of a bacterial cell. J Bacteriol 1953; 65:198-202.
11) Marshall KC. Adsorption and adhesion processes in microbial growth at interfaces. Advances in Colloid and Interface Science 1986; 25:59-86.
12) Canton JH, van Esch PAG, Greve PA et al. Accumulation and elimination of a-hexachlorocyclohexane (a-HCH) by the marine algae Chlamydomonas and Dun alleiella. Water Res 1977; 11:111-115.
13) Kim S, Corapcioglu YM. Effects of mobile bacteria in bioremediation operation. In: Hinchee RE, Fredrickson J, Alleman BC, eds. Bioaugmentation for Site Remediation. Columbus: Battelle Press, 1996:91-96.
14) Bailey JE, Ollis DF. In: Biochemical Engineering Fundamentals. 2nd ed. New York: McGraw Hill, 1986.
15) Widdowson MA, Molz FJ, Benefield LD. A numerical transport model for oxygen- and nitrate-based respiration linked to substrate and nutrient availability in porous medium, Water Resour Res 1988; 24(9):1553-1565.
16) Wood BD, Dawson CN, Szecsody JE et al. Modeling contaminant transport and biodegradation in a layered porous medium system, Water Resour Res 1994; 30(6):1833-1845.
17) Gerba CP, Wallis C, Melnick JL. Fate of wastewater bacteria and viruses in soil. J Irrig Drain Div, Am Soc Civ Eng 1975; 101(IR3):157-174.
18) Hurst CJ, Gerba CP, Cech I. Effect of environmental variables and soil characteristics on virus survival in soil. Appl Environ Microbiol 1980; 40(6):1067-1079.
19) Harwood CS, Fosnaugh K, Dispensa M. Chemotaxis of *Pseudomonas putida* toward chlorinated benzoates. Appl Environ Microbiol 1990; 56:1501-1503.
20) Barton JW, Ford RM. Determination of effective transport coefficients for bacterial migration in sand columns. Appl Environ Microbiol 1995; 61:3329-3335.

21) Keller EF, Segel LA. Model for chemotaxis. J Theor Biol 1971; 30:225-234.
22) Grosser PW. A one-dimensional mathematical model of virus transport. Paper presented at the Second International Conference on Ground-Water Quality Research, Tulsa, OK, 1984.
23) Tim US, Mostaghimi S. Model for predicting virus movement through soils. Ground Water 1991; 29(2):251-259.
24) Park N-S, Blandford TN, Huyakorn PS. VIRALT—A model for Simulating Viral Transport in Ground Water, Documentation and User's Guide, Version 2.0. HydroGeologic, Inc., 1991.
25) Reddy HL, Ford RM. Analysis of biodegradation and bacterial transport: Comparison of models with kinetic and equilibrium bacterial adsorption. J Contam Hydrol 1996; 22:271-287.
26) Matthess G, Pekdeger A, Schroeter J. Persistence and transport of bacteria and viruses in groundwater—A conceptual evaluation. J Contam Hydrol 1988; 2:171-188.
27) Corapcioglu MY, Abboun NM, Haridas A. Governing equations for particle transport in porous media. In: Bear J, Corapcioglu MY, eds. Advances in Transport Phenomenon in Porous Media. Dordecht: B Martinus Nijhoff, 1987; 269-342.
28) Sim Y, Chrysikopoulos CY. Analytical models for one-dimensional virus transport in saturated porous media. Water Resour Res 1995; 31(5): 1429-1437.
29) Hurst CJ. In: Hurst CJ, ed. Modeling the Environmental Fate of Microorganisms. Washington, DC: American Society for Microbiology, 1991.
30) Hurst CJ, Knudsen GR, McInerney MJ et al. In: Hurst CJ, Knudsen GR, McInerney MJ et al, eds. Manual of Environmental Microbiology. Washington, DC: American Society for Microbiology, 1997.

第8章
微生物リスクアセスメントの地下水への適用

Joan B. Rose and Marylynn V. Yates

　リスクアセスメント手法は，環境汚染によってヒトに疾病をもたらす微生物汚染に目下適用されつつある．リスクアセスメントは，環境汚染があったかどうか，特に低濃度感染時の不確かさとその汚染による健康影響をわかりやすくしようとしている．アセスメントは，仮定によって組み立てられ，広い範囲の変数と不明な点をもちながらある定量的数字で示されるが，その方法はリスクのランク付けに有効であり，いろいろな環境問題とその可能な解釈を比較するのに役立つ．これは，感染症を引き起こす微生物に対する通常の対処方法とは異なる．これまでは，汚染の可能性を評価するのに指標微生物が用いられていたが，起きてしまったことの人体健康影響評価には感染症流行（epidemics）データが重要視されていた．飲料水中の病原微生物の低レベルを示すモニタリングデータは，リスクアセスメント手法によって初めて解釈することができるのである．

　監督官庁は，水質と公衆衛生を向上させる政策に微生物リスクアセスメントを適用するための最良の方法を目下開発中である．米国の環境保護庁（EPA）はジアルジア（Giardia）に対する表流水処理規則をまとめるときに初めてリスクアセスメントを用いた（U. S. EPA[1]）．Teunis et al.[2] もまたオランダの国立公衆衛生・環境研究所とともに微生物に対するリスクアセスメント手法を報告している．リスク管理は連邦機関，州，地方および産業界で行われるべきもので，すべてのレベルで微生物リスクアセスメント手法がリスク責任者にとって有効な手段であるとよく理解されることが重要である．

　Cothern[3] が述べているように，定量的リスクアセスメントの開発と利用にとって最も障害となる点の一つは，このプロセスにインプットする完全な情報とデータが得られないことである．病原体検出に関するデータベースが限られてお

り，このことがリスクの内容を明確にすることを困難にしている．微生物リスクアセスメント（MRA）は環境微生物学者と水処理関係者および公衆衛生の専門家が共同でチームを組んで行うときが最もうまくいく．水処理関係者の役割は基本的には病原体の検出と感染の可能性を見極めることで，その意味から環境のモニタリングは重要である．環境微生物学者は水源水，水処理，相対的なリスクおよび管理方法などについていろいろな方法で調べることができる．データベースの内容を高めることは，水処理関係当局が水質と公衆衛生の向上に努力していることを理解してもらうのに役立つ．

病原体リスクアセスメントのためのフレームワークの開発の努力が国レベルでなされている．リスクアセスメントを行うための手法，必要なデータの種類および利用できる手段は，疫学，医学，微生物学，水処理，政策学などの専門家を含む学際グループによって整備された（ILSI[4]）．リスクアセスメントに必要な手段とデータには，疾病調査，臨床研究，疫学研究，検出方法，移動モデル，再増殖・自己減衰モデル，用量・反応モデル，および感染症流行データベースの開発などがある．

地下水に対するMRAの適用は，地下システムの脆さの評価，水処理特に消毒に対する必要性の評価に役立てるために最近求められている．地下水あるいは井戸に脅威を与えるヒトの病気と結びつく微生物汚染の発生源はどこか？　井戸および発生源中の病原体の出現程度と濃度はどれぐらいか？　発生源から井戸までの微生物の移動経路と消長はどのようであるか？　というような質問を通じて問題が整理されてくる．これらの質問に答えるために，健康リスクと地下水汚染に結びつく特定の病原体に関する定量的データが必要となる．

8.1　公衆衛生上のリスクに関係する地下水中の微生物

米国において，地下水が水系感染症をもたらす原因となっていることが長く続いている（表8.1，Craun and Calderon[5]）．赤痢菌（*Shigella*），急性毒性化学物質，A型肝炎ウイルスおよびジアルジアが最も確認できる流行を引き起こすが，大抵は消毒していない地下水によって生じている．しかし，流行の62%は原因因子が確認できていない．流行の程度（流行発生数と感染者数）に加えて，

8.1 公衆衛生上のリスクに関係する地下水中の微生物

表8.1 米国における地下水が関係した水系感染症流行
(1971〜1994年)[3),5)]

原因因子	流行数	患者数	入院患者数 (患者数に占める 割合％＝重篤指数)
不明	212	49 351	142 (0.29)
赤痢菌	27	5 540	257 (4.6)
化学物質	26	978	19 (1.9)
A型肝炎ウイルス	23	698	79 (11.3)
ジアルジア	16	336	7 (2.1)
ノルウォークウイルス	12	7 988	6 (0.08)
カンピロバクター	7	952	5 (0.52)
サルモネラ (非チフス菌)	6	761	12 (0.13)
クリプトスポリジウム	5	3 569	7 (0.2)
チフス菌	4	222	187 (84)
エルシニア	2	103	20 (19.4)
大腸菌 O6：H16	1	1 000	0
赤痢アメーバ	1	4	1 (25)
Total	342	71 502	742

Proceedings of the Groundwater Foundation's 12 th Annual Fall Symposium から，American Water Works Association の掲載許可，1997

その重篤度（入院数で計られるが）も重要である．定量的重篤度指標を地下水中の多くの病原体に対して展開できる．この場合，チフス菌（*Salmonella typhi*），エルシニア（*Yersinia*），赤痢アメーバ（*Ent. histolytica*）は高い重篤度を示すが，これらによる感染症流行はそれほど多くなく，特にここ10年間は少ない．赤痢菌とA型肝炎ウイルスは地下水起因流行の2番目と4番目の原因因子であり，高い重篤度指数を示す（表8.1）．

(1) ヒトに感染するウイルス

ウイルスによる地下水汚染には非常に関心を払うべきであるが，それはウイルスが構造的に抵抗性をもち，大きさが土壌中を容易に通過できるコロイドサイズ（20 nm）であるからである．また，ウイルスは数か月も地下水中で生存できる

し，大腸菌群の細菌よりも消毒に強い抵抗性を示す（Gerba et al.[6]，Yates and Yates[7]）。水系感染症の重要な因子になると思われる腸管系ウイルスは100以上存在する。しかし，米国でウイルス感染症と確認できる症例報告および感染事例における地下水汚染の寄与に関する情報は限られている。Bennett et al.[8] は毎年2 000万人のウイルス感染者と2 010人の死亡者がいると報告している。しかし水起因の数字はわからない。呼吸器系で感染すると思われるアデノウイルスが毎年1 000万人の感染者と1 000人の死亡者をもたらすと考えられ，米国国民に感染する最も重要なウイルスとなっている。ロタウイルスによる感染がその次に広く報告されている。

米国感染症予防センター（CDC）によれば，A型肝炎ウイルスがウイルスによる死亡率の原因のうちの最も重要なものの一つである。成人死亡原因のうちの41％が心臓病と結びついていることを考慮すると，心筋炎と関係するコクサッキーウイルスの関与も考える必要がある（Klingel et al.[9]）。最近の研究において，エンテロウイルスのRNAが心内膜心筋の生検で拡張型心筋症患者の32％，治療中の心筋炎患者の33％に見つかっている（Kiode et al.[10]）。さらに，コクサッキーB群ウイルスがインシュリン依存糖尿病（IDD）と関係があり，これによる感染がIDDを0.0079％増加させると考えられるという重大な報告もある（Wagenknecht et al.[11]）。

（2） 最近確認されたクリプトスポリジウムとジアルジアが関係するリスク

腸管系原生動物が世界的に分布している。エントアメーバ（Entamoeba）とジアルジアは，報告から見れば世界的に感染率は類似していて，およそ10％程度の感染率を示す（Feachem et al.[12]）。エントアメーバの感染は，下水道が普及していない衛生状態のよくない地域に特に顕著である。そのような地域では感染率は72％ほどの高率になる。症状がない慢性的な感染も起きるが，肝膿瘍のような深刻な疾病がエントアメーバの感染期間と関係づけられる。エントアメーバは分離株の毒力によって異なるが，致死率0.02〜6％という大変危険なものである（Gitler and Mirelman[13]）。米国ではこの20年間，エントアメーバはあまり水系感染症の原因にはならなかった。しかし，ジアルジアが1970年から1980年にかけて水系感染症の原因として最もよく検出されるようになった。1965年

8.1 公衆衛生上のリスクに関係する地下水中の微生物

にコロラド（Colorado）で最初の流行が起きた．そして，未ろ過の表流水および湧水が感染症流行の66%と関係していた．それは消毒がシストを殺すのに十分でなかったためである．ジアルジアが16の地下水起因流行例の原因となった．

クリプトスポリジウムは，1976年に初めてヒトから病因として検出された．それ以来，下痢の原因としてよく認められるようになった（Dubey et al.[14]）．報告されたクリプトスポリジウム感染例は，地域によって異なるが，人口の0.6～20%にわたり，特にアジア，オーストラリア，アフリカ，南米で顕著である．

クリプトスポリジウムは次の三つの理由から関心が高い．

① オーシストが消毒に対して極端に抵抗性があり，通常の消毒操作では殺すことができない．
② 発病したら放っておくしかない．
③ 免疫不全者の死亡リスクは50～60%である（Rose[15]）．

クリプトスポリジウムとジアルジアは，米国における水系感染症の最も主要な原因である．CDCは，ジアルジア症全体の60%が汚染された水と関係があると推定している（Bennett et al.[18]）．ヒトの排泄物のみならず動物の排泄物もシストおよびオーシスト汚染の原因となる．さらに，1993年および1994年に米国で報告された腸管系原虫が関係する飲料水起因の感染症流行の40%は，井戸水が水源であった（図8.1）．

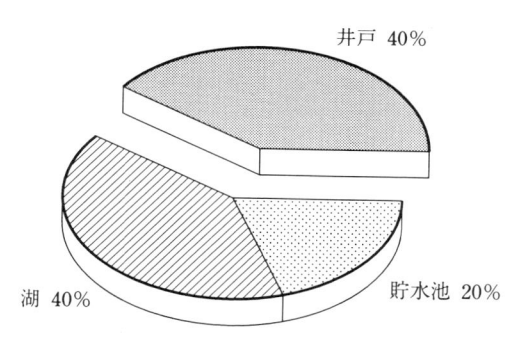

図8.1 米国におけるクリプトスポリジウムとジアルジアの水系感染症流行（1993～1994年）[32]

8.2 用量―反応 (dose-response) のモデル化

Haas[16] は最初の感染モデルの開発者で，微生物データの定量的処理を行った．彼は用量―反応データを吟味し，感染の可能性を最もよく予測できるモデルの評価を行った．これらのデータは，用量として異なる量のウイルスあるいは細菌をヒトに飲ませた研究から得られたものである．飲んだヒトに対しては，反応状態，感染，場合によっては病気について観察が続けられた．反応 (response) として最も評価したのは，感染するかどうか，あるいは微生物が消化管にコロニーをつくり糞便中に排泄されるかどうかということである．

微生物とヒトとの用量―反応データに適合する二つのモデルがよく使われている（表 8.2）．多くのウイルスと細菌には，ベータ・ポアソン分布モデルが感染可能性を最もよく記述できた（Haas et al.[17], Rose et al.[18], Medema et al.[19]）．クリプトスポリジウムやジアルジアのような他の病原体に対しては適合性はいま一つで，指数モデルの適合性がよい（Rose et al.[20], Haas et al.[21]）．

データとモデルによれば，感染性が最も強いものから，A 型肝炎ウイルス，

表 8.2 感染確率モデルと種々の人体実験に対して最も適合する用量―反応パラメーター

微生物	最適モデル	モデルのパラメーター α, β, γ	1個体の感染確率 (CFU/PFU/シスト/オーシスト)
A 型肝炎ウイルス	指数	$\gamma=0.549$	42/100
コクサッキー B 群ウイルス	指数	$\gamma=0.0078$	0.78/100
ロタウイルス	ベータ・ポアソン分布	$\alpha=0.26, \beta=0.42$	27/100
赤痢菌	ベータ・ポアソン分布	$\alpha=0.248, \beta=3.45$	6.1/100
カンピロバクター	ベータ・ポアソン分布	$\alpha=0.145, \beta=7.59$	1.8/100
クリプトスポリジウム	指数	$\gamma=0.00467$	0.47/100
ジアルジア	指数	$\gamma=0.0198$	1.96/100

P_i = 感染確率(生物が腸管に定着し，増殖する能力)
N = 暴露：飲み込んだ微生物の数(CFU, PFU, シスト, オーシスト)として表す．
α, β, γ = 当該微生物に適用される用量―反応モデルの定数

モデル		
	$P_i = 1-(1+N/\beta)^{-\alpha}$	$P_i = 1\exp(-rN)$
	ベータ・ポアソン分布	指数

Rose et al. による[18]

ロタウイルス,赤痢菌,ジアルジア,カンピロバクター,コクサッキーB群ウイルス,クリプトスポリジウムの順であり,1個の微生物に暴露した場合のリスクは,100当り高い場合が42,低い場合が0.47である.水道水が汚染されて(例えば1L当り1個体)感染流行が発生したとき,非常に高い罹患率を見ることがあることがわかる.低いレベル(1/10L)の汚染によっても,ある期間(5~10日)にわたって暴露すれば,リスクは同様に高くなる.

ロタウイルスのモデルが,他の病原体に比して最もリスク予測に役立つものの一つであり,データベースが整っているので他の多くのウイルスを代表してよく用いられている.このモデルは,飲料水中のウイルスのレベルを仮定し,年間および生涯のリスクを計算し,感染,罹患,死亡のリスクを予測するのに用いられてきた(Haas et al.[17]).EPAの「表流水処理規則」に基づく安全目標(ゴール)は,1万人当り1人以下の年間リスクにするために,ロタウイルスのようなウイルスのレベルは1ウイルス/10^7L以下にすべきと提示している(EPA[1], Regli et al.[22]).このゴールは,現在の感度水準の測定方法を用いたモニタリングによって直接調べるのは難しい.

8.3 暴露評価

(1) 病原体の直接のモニタリング

公衆衛生上のリスクを判断するのに病原体をモニタリングする意味は,必要な暴露データを提供することである.モニタリングは公衆衛生に影響すると思われるが確認されていない低濃度汚染の情報,あるいは住民中の潜在的レベルの疾病に寄与する低濃度汚染の情報を提供できる.これらのデータはリスク評価モデルに入力でき,リスク予測に使用できる.地下水中の病原菌に対して糞便性大腸菌群が指標としてよく用いられるが,米国の地下水による感染症流行に関係する主要細菌に関する検出データベースはない(Allen and Geldreich[23]).これらのデータはリスク評価と消毒によるリスク削減に必要である.

実際に約1000L中のウイルスの存否を直接測定することは可能である.モニタリングするときのサンプリングは1回/月あるいは12回/年の頻度で行われている.それで検出されないときは,4感染/100・年以下あるいは6感染/10 000・

日以下のリスクであると予測できる．モニタリングプログラムが，地下水中に検出されるほどのウイルス汚染は存在しないことを明らかにすることができる．ウイルスが陽性で地下水が処理されていなければ，前記以上のリスク値が得られる．

米国の研究によれば，地下水中の20～30％でウイルスが検出されているが，大腸菌群はウイルス汚染の存在の指標にはなっていないことがわかっている（LeChevallier[24]）．しかし，定量的情報は得られていない．このような情報がなければ定量的リスクアセスメントはできない．新しい分子技術も用いられているが，それらは生存能力あるいは汚染レベルについての情報を提供しない．一方，地下水システムの汚染されやすさを評価し被害を検証するのに最も有効である（例えばコクサッキーウイルスや心臓病のリスク）．

腸管系原虫であるクリプトスポリジウムとジアルジアは，元来表流水系のものである．それらは，表流水に対する下水および動物の影響の程度によるが，検査試料の4～100％において0.1～10 000/100 Lの濃度で見つかっている（Lisle and Rose[25]）．地下水は，大きなオーシスト（5 μm）やシスト（7 μm×15 μm）に対しては守られている水源と思われている．最近のデータでは，クリプトスポリジウムとジアルジアが立型井戸で，それぞれ5％および1％，横型井戸で45％および36％，伏流水で50％および25％が陽性になっている．その濃度は，平均して19オーシストおよび8シスト/100 Lである（Hancock et al.[26]，表8.3）．英国における調査では（258試料），大腸菌群陽性の井戸の5.8％がクリプトスポリジウムのオーシストが陽性，濃度範囲は0.4～92.2個/100 Lであった（Lisle and Rose[25]）．

地下水中のオーシストとシストの生残性について研究報告はなく，表流水中の挙動がわずかに調べられているだけである．土壌を通過して地下水へ移動するこ

表8.3 米国における地下水中のクリプトスポリジウムとジアルジアの検出例

原虫	平均濃度/100 L	陽性試料のパーセント		
		立型井戸	横型井戸	伏流水
クリプトスポリジウム	19オーシスト	5％	45％	50％
ジアルジア	8シスト	1％	6％	25％

Hancock et al.[26] による

とを評価するのは非常に難しい．3種類の土壌（ローム砂，微細ローム，粘土ローム）を詰めたカラムに，オーシスト1億個を蒸留水70 mL/h，4時間の条件で適用した実験室研究が行われた（Mawsdley et al.[27]）．そこでは，オーシストのコア中とろ過液中（コア低部から採取）の存在量と移動について調べられた．オーシストの分布はすべてのコアで類似しており，上部2 cmで相当な量（72.8％）が検出されたが，30 cmのところで検出されるのは1.4％（1 000～10 000オーシスト/g）である．子ウシは1日に1 000万個に至るオーシストを排出する可能性がある．ゆえに，クリプトスポリジウムが降雨とともに地下水を汚染する可能性は十分あると考えられる．

（2） ウイルス暴露のモデル化

井戸を十分に直接監視することが不可能な場合がある．そこで，ウイルスが生残し，汚染源から飲料用井戸まで移動する能力を知ることによって，ウイルス汚染の範囲推定をモデル化できる．汚染水（例えば，下水管からの漏れ，浄化槽放流水）は1 000ウイルス/100 Lまでになる．リスク評価モデルと移動モデルを組み合わせて，飲料用井戸におけるウイルス量と感染リスクの程度を推定できる．この評価の鍵は，汚染源を知ること（汚染源のウイルス濃度の定量的評価）と環境中における自然的過程によるウイルス濃度レベルの減衰を知ることである（移動モデルの展開）（Yates and Yates[7]）．そのようなモデルは，ウイルスの数オーダーの減少を予測するのに利用できる．この方法は，1感染/10 000人・年以下というEPAのゴールの値を説明するのにも用いることができる．

数式モデルは，地下水中の化学物質の移動を予測するのに利用されている．しかし，微生物の移動の予測には，モデルの使用はほとんど研究段階にとどまっている．地下水中における微生物移動のモデル化についての詳細な検討は第7章で行っている．病原体の環境中の消長を表すモデルのパラメーターについて，いま簡単に検討してみる．

微生物移動に関する大抵のモデルは，水中の溶解性化学物質の移動の予測のために開発された移流―拡散式に基づいている．この式は次のようである．

$$R\frac{\partial C}{\partial t} = \left[D\frac{\partial^2 C}{\partial x^2} - V\frac{\partial C}{\partial x}\right] - \mu C - \sum Q_i$$

第8章　微生物リスクアセスメントの地下水への適用

　右辺第2項の $V(\partial C/\partial x)$ は移流項といわれるもので，移流とは，汚染物質が地下水の水塊の流れとともに移送される過程のことである．簡単なモデルでは，移流は地下水の平均流速としてモデルで扱われる．速度を決める一般的な方法の一つは，塩化物や臭化物のような溶解性，非反応性物質をトレーサーとして水に加えて野外あるいは室内実験を行うことである．トレーサー溶液を土中に添加してから流出水の試料を採取する．試料中のトレーサーを分析し，カラムを移動したトレーサーの濃度を経時的に測定する．トレーサーが水の挙動と類似すると仮定して，水の平均流速を算出する．

　移動を記述するのに重要なもう一つのプロセスは分散である．汚染物質の分散は，数式では $D(\partial^2 C/\partial x^2)$ と表すことができる．水が土壌中を動くとき，一般的に直線軌道をとらない（亀裂を移動する場合を除いて）．分散には二つの明瞭な作用が働いている．拡散と機械的撹拌である．拡散は濃度勾配に従った溶質が広がることである．この過程は，地下水が非常に遅く動く場合を除いて，それほど重要な分散要因ではない．ほとんどの場合，水の動き（機械的撹拌）によって生じる動きが，ここで対象となる主要な分散プロセスである．機械的撹拌は，土壌間隙を通過する水が土壌粒子の周辺を分岐するときに起きる．時には二つの水の流れが粒子の外端で会合し，ある時には別の粒子上で二つの流れがぶつかり合ってから再び枝分かれする．多くの粒子のまわりを通過していくうちに，（初期に）高濃度であったものが分散していく．その結果，水が土壌を移動するに従って，水との接触面，そして汚染物質が広がっていく．広がりの程度は，地下水の流速のほかに土壌の性質にも影響される．

　移流と同様に，分散は上述したようなトレーサーを用いる方法で測定できる．前例のように水あるいは汚染物質の平均移動速度を計算することよりも，カラム中をトレーサーがどのように流れ出るのか（例えば，時間経過に伴う濃度変動）が重要である．分散は，平均流速で移動するトレーサーが到達する以前に，カラムの流出点にトレーサーを到達させる．分散は，汚濁物質のあるものは平均流速よりも早く移動し，あるものは遅く移動するように汚濁物質の存在域を広げる．

　移動プロセスを特徴づける第3番目の要因は吸着である．吸着とは，固形媒体（例：土壌）の表面に汚染物質が化学的に結合することである．汚染物質が土壌表面へ結合する過程は，汚染物質と地表下の媒体の性質によって可逆的であった

り非可逆的であったりし，また平衡状態であったり拡散支配であったりする．吸着は，液相から汚濁物質を取り除くので，一時的にせよ汚濁物質の動きを遅くするように働く．遅滞を表す減速度という用語が汚染物質の吸着効果も表すため，よく使われる．それは，上述の式では $R(\partial C/\partial t)$ として表現されている．

吸着は，実験室におけるバッチ試験から得た吸着等温式で評価されることがよくある．実験期間を通じて普通に撹拌中の土壌と水の混合物に，汚染物質を加える．システムが平衡に達する十分な時間が経過した後，汚濁物質の吸着された状態のものとそうでないフリー状態のものの分布を測定する．吸着特性を決定するために，この操作を汚染物質の濃度を数段変えて（あるいは土壌の量を変えて）繰り返して行う．この実験結果は，通常フロイントリッヒあるいはラングミュア吸着等温式を用いて表される．微生物の土壌物質への吸着については多くの研究がある．研究対象の微生物と研究に使用された土壌により，吸着は大きく異なる．土壌の性質（pH，有機物含量，%粘土など）あるいは微生物の性質などに基づいて吸着の程度を予知する試みは，十分に好結果を得ているとはいえない．ゆえに，問題となる場所の土壌を用いて，対象となる微生物の吸着特性を判断するための実験を行うことを考慮する必要がある．

微生物の生残特性に関する情報は，通常，不活化速度 μC の形でモデルの中に含まれている．不活化とは，汚染物質が化学的，物理的あるいは生物的作用で非可逆的な破壊を受けることである．多くのモデルでは，不活化速度は一定と見積もられている．そのため，環境条件が変化した場合の微生物の不活化速度の変化に対応できていない．

不活化速度の決定は比較的簡単な操作でできる．できるだけ野外の条件に類似した実験室的擬似環境の中に，対象微生物を投入する．その濃度を，実験初期および適当な時間間隔で測定する．微生物濃度（あるいは対数値のように変形したもの）を時間の関数としてプロットする．直線の勾配が不活化速度である．

モデルにインプットすべきすべての情報のうち，微生物の不活化速度が他の要因よりも多くわかっている．地中の微生物の生残に影響する多くの要因がある（それを主題とした数編のレビューがある）．生残に影響する主要因の中には，土壌構造（例えば，砂，シルト，粘土の量），土壌中の有機物量，土壌の水分含量，土壌のpH，温度，土壌水の化学組成などがある．しかし，これらの要因が

どのように微生物不活化に影響するかを定量的に知ることは難しい．加えて，問題となる微生物の種類が，モデルで使用すべき不活化速度に大きく影響する．微生物の不活化速度は，数オーダーの差があることがわかっている．

前述のように，微生物移動を予測するために開発されている大抵のモデルは研究目的に使われている．一般にモデルのパラメーターは，微生物の挙動を予測するモデルからではなく，実験データとの適合性から得られている．実験データと関係なく，微生物の挙動を移動モデルを使って予測するための一つの試みがYates[28]によって行われている．ウイルスをトレーサーとして用いた研究の野外条件についての情報（土壌構造，水透過性，有穴性，温度など）を用いて，下り勾配の井戸に到達するウイルス濃度の予測をモデルによって行った．その結果は，井戸に到着するウイルス濃度を常に過小評価していて，残念にもモデルの適合性はよくなかった．ある場合には10オーダー以上も違っていた（図8.2）．

モデルの中で最も鋭敏なパラメーターは温度（不活化を支配）と土壌吸着係数であり，これらのモデルをリスクアセスメントのために用いようとするなら，もっとよい情報が必要である．明らかに公衆衛生上の健康リスクは非常に過小評価されてきた．このことは，飲料用井戸での暴露濃度を正確に予測するために数式モデルが利用できるようにする前に，微生物の消長と移動の関係および地下の状態について，もっと多くの定量的情報が必要であることを示している．

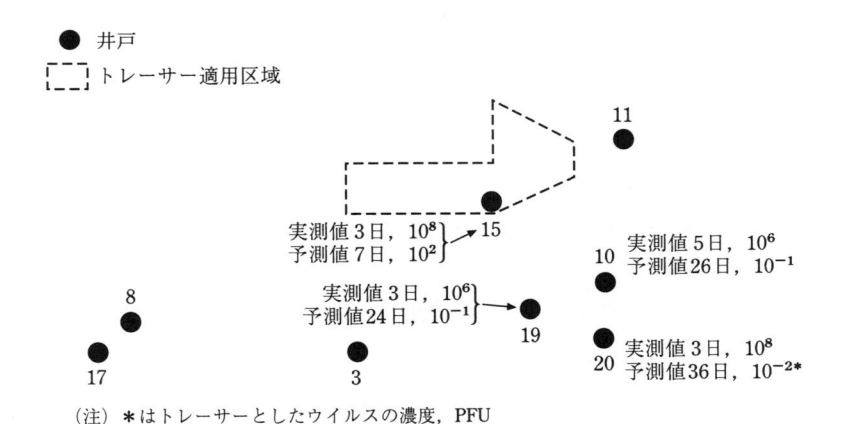

（注）＊はトレーサーとしたウイルスの濃度，PFU

図8.2　野外測定点におけるウイルスの移動時間と濃度，モデル予測値と実測値（Yates[28]による）

8.4 リスクの特性

地下水中のコクサッキーB群ウイルス，ロタウイルス，クリプトスポリジウム，ジアルジアに関する限られたデータを，2Lを1回摂取したときのリスク予測に用いた例が表8.4である．ロタウイルスによるリスクが，高い汚染レベルと感染性のために最も高かった．ロタウイルス感染者のおよそ50%が軽度～中度の下痢を示すと考えられる．感染者のわずか0.12%が病院にいくほどの重篤症状を示すようになると予測された（Gerba et al.[29]）．高齢者と若年者が重度の病気にかかりやすく，高齢者の死亡率は1%ほどの高さになると思われる（Gerba et al., 1996)[30]．

コクサッキーウイルスと腸管系原虫の感染リスクはロタウイルスより小さい．しかし，重篤度は大きく，高濃度の原虫暴露を受けたときは特に大きい．コクサッキーB群ウイルスもまた，他の慢性感染症と心筋炎やインシュリン依存糖尿病のような問題を引き起こす．クリプトスポリジウムは免疫不全者に対して非常に高い死亡リスクをもたらす．それは，水系感染が起きたときに免疫不全者感染者の50%が死ぬほどのものである（Rose[15]）．それを表8.4に示すような汚染さ

表8.4 微生物汚染を受けた地下水による発病および重篤度のリスク予測

微生物	100L当りの個数あるいは個数範囲*1	1日2L摂取するときの暴露数	1日当りの感染リスク*2	1日当りの重篤度リスク*3	連続暴露によるリスク(10日間暴露)
コックサッキーB群ウイルス	31	0.62	4.8/1 000	(24%) 11/10 000	48/1 000
ロタウイルス	66～362	1.32～7.24	310～530/1 000	(0.12%) 3～5/10 000	999～999/1 000
クリプトスポリジウム	0.2～525	0.004～10.6	0.02～50/1 000	(0.2%) 0.0004～10/10 000	0.2～500/1 000
ジアルジア	0.1～120	0.002～2.4	0.04～50/1 000	(2.1%) 0.08～10/10 000	0.4～500/1 000

(注) *1 地下水中に検出された量（Gerba et al.[29]，Hancock et al.[26]，Hejkal et al.[31]）
　　 *2 暴露人口当りの感染数
　　 *3 入院率×P_i(感染確率)＝重篤度

れた地下水にあてはめれば，暴露を受けた免疫不全者1000人につき死者0.02〜25人に達することになる．

　明らかに，これらの研究で検出されるレベルは，もし汚染状態が5〜10日も続けば感染症流行を引き起こす可能性がある（表8.4）．コクサッキーB群ウイルスの検出レベルを，罹患率が79%であったところの下痢と肝炎の発生と結びつけることができた（Hejkal et al.[31]）．そのときの流行は20日間続いたが，暴露日数はわからなかった．この件は，暴露に関する不明確性，暴露をモデル化する能力，汚染された地下水と関係する公衆衛生上の健康リスクの予測能力を例示している．

　Haasら[33]は，生物性固形廃棄物と家庭ごみの土壌埋立てによる地下水汚染がウイルス感染をもたらす可能性について調べた．彼らは，ロタウイルスについてのリスクモデル，暴露と生残分布に対してはポリオウイルス濃度，そして土壌吸着による除去には多くのウイルス研究結果を用いた．暴露の予測結果は非対称分布で，平均0.00114 PFU/日，中央値6.43×10^{-14} PFU/日，24年に1回起きるというものであった．埋立てによる地下水汚染のウイルスリスクは，97%以上の生起で1/10000（飲料水に対する目標）以下であった．微生物リスクアセスメントを向上させながら，次のようなデータ不足を補うための科学的研究が必要である．

① 地下水中の微生物の存在データベース（時間的，空間的分布を含めて）
② 地下水中の細菌および原虫の生残に関する研究
③ ウイルスの暴露と健康リスクの予測向上のためのよりよい移動モデル
④ ウイルスと細菌制御のための消毒および消毒抵抗性の強い原虫が存在する地下水に対する代替処理方法の信頼性に関するより多くの情報
⑤ 汚染を受けやすい地下水を利用する集団の疫学調査

　リスクアセスメントを，リスクを確認し，暴露された個人あるいは集団のリスクの程度を定量的把握するための科学的過程として見る必要がある．この分野の発展は，汚染物質の制御に焦点をあてた行政当局の政策と非常に密接な関係がある．したがってリスクアセスメントは，すぐれた科学と科学的データの不確実性を統合して，公的政策決定に導くための一つの手法である．飲料水に対しては1970年代初期に，議会規則「安全飲料水規則（Safe Drinking Water Act：

SDWA)」に取り入れられた．1977年に，リスク管理を目的としてよりよい危険可能性予測ができるように規則が改正された．

　初期のリスクアセスメントは化学物質に焦点があてられていて，毒性学，疫学，動物利用バイオアッセイ，環境モニタリング（方法の改善を含む），統計的モデル化などを含んでいた．安全飲料水規則では，ヒトの健康問題を引き起こす可能性があるあらゆる化学物質に対して，暴露限界量である最大許容濃度（MCLs）を設定するためにリスクアセスメントが利用された．リスクアセスメントの方法にまつわる議論は，四つの主要領域にあてられている．すなわち

① 疫学研究の感度と限界
② 健康への影響を知るためにヒトの代わりに動物を用いること
③ 多用量の結果から少用量を類推するのに用いる数式モデルのタイプ．特にガンおよび閾値がない汚染物質に対して
④ 予測における不確実性の扱い方

　さらに，実際の暴露実態を扱うには限界があることが多く，最悪のシナリオと最大暴露個体と被害を受けやすい集団が評価される．

　環境汚染に関するリスク評価をするとき，微生物には独特の問題がある．しかし，この手法は微生物汚染に対しても適用できる．用量―反応モデルは利用でき，臨床的，医学的データも入手できる．しかし，最もはっきりしていないのは暴露に関することである．

文献

1) U.S. Environmental Protection Agency (EPA). Surface water treatment rule guidance manual for compliance with the filtration and disinfection requirements for public water systems using surface water sources. In: Federal Register 1989; 54;27486-27541.
2) Teunis PFM, Havelaar AH, Medema GJ. A literature survey on the assessment of microbiological risk for drinking water. In: Report 734301006. Bilthoven: National Institute of Public Health and Environmental Protection, The Netherlands 1994;
3) Cothern CR. In: Comparative Environmental Risk Assessment. Boca Raton, FL: Lewis Publishers, 1992.

4) International Life Sciences Institute (ILSI), Pathogen Risk Assessment Working Group. A conceptual framework to assess the risks of human disease following exposure to pathogens. Risk Analysis 1996; 16:841-848.
5) Craun GF, Calderon R. Microbial risks in groundwater systems epidemiology of waterborne outbreaks. In: Under the Microscope. 1996 Groundwater Foundation Symposium Proceedings, Sept. 5-6. Boston, MA, Denver, CO: AWWA; 9-20.
6) Gerba CP, Rose JB, Singh SN. Waterborne gastroenteritis and viral hepatitis. CRC Critical Reviews in Environmental Control 1985; 15:213-236.
7) Yates MV, Yates SR. Modeling microbial fate in the subsurface environment. Critical Reviews in Environmental Control 1988; 17:307-343.
8) Bennett JV, Homberg SD, Rogers MF. Infectious and parasitic diseases. American Journal of Preventive Medicine 1987; 3:102-114.
9) Klingel K, Hohenadl C, Canu A et al. Ongoing enterovirus-induced myocarditis is associated with persistent heart muscle infection: quantitative analysis of virus replication, tissue damage and inflammation. Proceeding of the National Academy of Science 1992; 89:314-318.
10) Kiode H, Kitaura Y, Deguchi H et al. Genomic detection of enteroviruses in the myocardium studies on animal hearts with coxsackievirus B3 myocarditis and endomyocardial biopsies from patients with myocarditis and dilated cardiomyopathy. Japanese Circulation Journal 1992; 56:1081-1093.
11) Wagenknecht LE, Roseman JM, Herman WH. Increased incidence of insulin-dependent diabetes mellitus following an epidemic of coxsackievirus B5. Amer J Epidemiol 1991; 133:1024-1031.
12) Feachem RG, Bradley DH, Garelick H et al. In: Sanitation and Disease Health Aspects of Excreta and Wastewater Management. New York: John Wiley and Sons, 1983.
13) Gitler C, Mirelman D. Factors contributing to the pathogenic behavior of *Entamoeba histolytica*. Ann Rev Microbiol 1986; 40:237-261.
14) Dubey JP, Speer CA, Fayer R. In: Cryptosporidiosis of Man and Animals. Boca Raton, FL: CRC Press, 1990.
15) Rose JB. Environmental ecology of *Cryptosporidium* and public health implications. Annual Reviews in Public Health 1997; 18:135-161.
16) Haas CN. Estimation of risk due to low doses of microorganisms: a comparison of alternative methodologies. Amer J Epidemiol 1983; 118:573-582.

文　　献

17) Haas CN, Rose JB, Gerba CP et al. Risk assessment of virus in drinking water. Risk Analysis 1993; 13:545-552.
18) Rose JB, Haas CN, Gerba CP. In: Risk assessment for microbial contaminants in water. Denver, CO: American Water Works Association, 1997.
19) Medema GJ, Teunis PFM, Havelaar AH et al. Assessment of the dose-response relationship of *Campylobacter jejuni*. Int J Food Microbiol 1996; 30:101-111.
20) Rose JB, Haas CN, Regli S. Risk assessment and control of waterborne giardiasis. Am J Pub Health 1991; 1:709-713.
21) Haas CN, Crockett CS, Rose JB et al. Assessing the risk posed by oocysts in drinking water. J Amer Water Works Assoc 1996; 9:131-138.
22) Regli S, Rose JB, Haas CN et al. Modeling the risk of *Giardia* and viruses in drinking water. Journal American Water Works Association 1991; 83:76-84.
23) Allen MJ, Geldreich EE. Bacteriological criteria for ground-water quality. Ground Water 1975; 13:45-51.
24) LeChevallier ML. What do Studies of Public Water System Groundwater Sources Tell Us? Proceedings of the Groundwater Foundation's 12th Annual Fall Symposium *Under the Microscope: Examining Microbes in Groundwater* Sept. 5-6, Boston. Denver, CO: AWWA; 1997; 9-20.
25) Lisle JT, Rose JB. *Cryptosporidium* contamination of water in the USA and UK: a mini-review. J Water SRT – Aqua 1995;44:(3) 103-117.
26) Hancock CM, Rose JB, Callahan M. The prevalence of *Cryptosporidium* and *Giardia* in U.S. groundwaters. International Symposium on Waterborne *Cryptosporidium*, Newport Beach, March, AWWA, Denver, CO. 1997.
27) Mawdsley JL, Brooks AE, Merry RJ. Movement of the protozoan pathogen *Cryptosporidium parvum* through three contrasting soil types. Biol Fert Soils 1996, 21:30-36.
28) Yates MV. Evaluation of the groundwater disinfection rule "natural disinfection" criteria using field data. WITAF, Denver, CO: AWWA; 1994.
29) Gerba CP, Rose JB, Haas CN et al. Waterborne rotavirus: A risk assessment. Wat Res 1996; 30 (12):2929-2940.
30) Gerba CP, Rose JB, Haas CN. Sensitive populations: who is at the greatest risk? Internat J Food Microbiol 1996; 30:113-123.
31) Hejkal TW, Keswick B, LaBelle RL et al. Viruses in a community water supply associated with an outbreak of gastroenteritis and infectious hepatitis. J Amer Water Works Association 1982; 318-321.

32) Centers of Disease Control (CDC). Surveillance for waterborne-disease outbreaks-United States, 1993-1994. Morbidity Mortality weekly Report (MMWR). 1996; 45:SS-1.
33) Haas CN, Anotai J, Engelbrecht RS. Monte Carlo assessment of microbial risk associated with landfilling of fecal material. Water Environment Res 1996; 68(7):1123-1131.

第9章
地下微生物学の将来展望

Suresh D. Pillai

　地下生態系の微生物学に関するわれわれの基本的な理解は，過去1世紀にわたって大いに発展してきた．われわれが目撃してきた発展は，ちょうど1世紀前には，地下が微生物群集の存在の拠り所になりうるかということについて懐疑的であったことを考えれば，かなりめざましい．

　われわれが地下生態系の微生物学に興味をもつのは，汚染された堆積物や地下水の修復の可能性に対する関心と密接な関係がある．現場での生物学的修復（バイオレメディエーション：bioremediation）を監視する必要性が進歩した掘削および抽出装置の開発につながり，生物地質化学的変化（biogeochemical transformation）の一部である微生物群集の同定と特性把握の必要から，ジーンプローブ（Giovannoni et al.[1], Devereux et al.[2], Wawer and Muyzer[3]），試料遺伝子逆プローブ法（reverse sample genome probing）（Voordouw et al.[4]），DNA再結合動力学（DNA reassociation kinetics）（Torsvik et al.[5]），遺伝子増幅（Herrick et al.[6], Steffan and Atlas[7], Pillai et al.[8]），現場蛍光プローブ（Amann et al.[9], Amann et al.[10]）および共焦点レーザー顕微鏡法（Anguish and Ghiorse[11]）などといった，分子微生物学的検出装置や手法の開発を促した．これらの手法は，微生物群集の遺伝的構成のみならず，それらの互いの空間的な位置関係についての詳細な検討を可能にした．

　過去1世紀にわたる研究の発展，特に深層地下環境に関する理解の広がりを振り返ると，同様な貧栄養環境における微生物の生命活動に関する考えが，近い将来，重大な変更を経験することも予想される．微生物の多様性，深い地層内の微生物群集の起源および生残，ならびに地下生態系内での化学合成による一次生産作用の可能性などに関する基本的な概念はすでに劇的な変化を経験している

(Sarbu et al.[12], Borneman et al.[13]). 社会的な面からは，これらの進歩は，地下の汚染修復のモニタリング，鉱物や石油の回収の試み，そして地下水の微生物学的水質に対する人間活動の影響評価などの分野で，すでにその成果を還元し始めている（Ghiorse[14]）.

9.1 地下試料採取技術

しかしながら，地下水のような地下環境の微生物学的研究においては，技術的な諸問題と，物理的，化学的ならびに微生物学的な性状を変化させないで試料を採取するための費用など，いくつかの障害がある（Harvey et al.[15]）. 監視用の井戸を設置することだけでも，その地点の地層に重大な影響を与え，そうした監視井戸からの地下水試料が本当に帯水層の水を代表するのかといった疑問が生じる（Fredrickson and Phelps[16]）. 同様に，地下の微生物群集は基本的に個体表面に吸着して存在する傾向があるので，実際には細孔空間水である地下水試料から得られた微生物群集が生態学的にどのような意義があるのかという問題もある. たとえ，コア採取法によって上記の問題のいくつかを軽減できるとしても，中空心棒掘削（hollow-stem augers）による成層していない砂のサンプリングには問題が多い. 最小限の侵襲で，しかも生態学的に意味のあるサンプリング方法とそのための機材の開発が早急に必要である.

9.2 微生物検出方法

地下水および堆積物試料を得ることに関連した技術的な問題に加えて，地下水中のウイルスや原虫などの病原微生物を日常的にスクリーニングする方法は，現状でははなはだ不十分である. 現在のろ過および濃縮方法は高価であり，面倒で，効果が極めて悪い. 中空糸タンジェンシャルろ過法などの技術が有望視されているが，相当な改良が必要である（Kuwabara and Harvey[17]）. 地下水中の特定の病原微生物に対する分子生物学的検出手法は大いに発展してきている. エンテロウイルス（Abbaszadegan et al.[18]），糞便性細菌（Josephson et al.[19]），そして寄生性原虫（Rochelle et al.[20]）の検出に，特定の遺伝子プローブと増幅プ

ライマーを利用することができる．こうした技術はすべて，地下水あるいは堆積物試料中の特定の DNA あるいは RNA 配列の検出に依存しているので，それらの非常な高感度性と検出された遺伝子の活性に関連した疑問が残されている．生きた生物に対するスクリーニングについての最近の報告によると，生物の熱ショック蛋白（heat shock protein）反応の利用（Abbaszadegan et al.[21])が有望である．しかしながら，この方法の再現性や妨害因子に対する強さ，試料成分による干渉，信頼できる検出感度を得るために要する試料量ならびに費用などの点でさらに改良を要する．

　将来においては，地下での特定の微生物遺伝子の存在をモニターするバイオレポーター（bioreporter）技術の発展が期待される．この技術は最近，特定の応用目的のためにつくられた遺伝子導入生物とともに用いられている（Silcock et al.[22])．この技術の地下微生物学への応用の可能性としては，遺伝子操作微生物株を用いたものを含めた人為的な生物的修復（バイオレメディエーション）プロジェクトのモニタリングなどがある．

　最近，微生物遺伝子検出の研究に，また帯水層移動の研究のための細菌細胞の標識に，緑色蛍光蛋白質（Green Fluorescent Protein：GFP）がバイオレポーターとして応用できることが見出されている（Burlage[23])．このタンパク質の存在に起因する蛍光は，フレキシブルファイバースコープで検出できる．この方法の利点は，試料の撹乱や破壊を最小限に抑えられることである．微小環境中のアンモニア性窒素や硝酸性窒素，脱窒および硫酸還元反応を測定するための微小電極も報告されている（Revsbech and Jorgensen[24])．微小電極は，地下堆積物中のバイオフィルムの生態学の研究で広く応用されることが期待されている．さまざまなゲノム配列解析プロジェクトから生み出される DNA 配列に関する大量の情報は，いわゆる DNA チップの開発への新たな関心を呼び起こした．

　これらは，シリコンウエハーの上に核酸フラグメントの列を貼り付けたもので，高度のエレクトロニクス技術と組み合せて，いろいろな DNA フラグメントから特定のフラグメントを迅速に，しかも高感度で検出することを可能にする．こうした技術を用いることで，数分のうちに微生物群集の核酸配列に関する情報を迅速に確定することが可能になった．こうしたいわゆる DNA チップは，地下水中の特定の核酸の迅速な検出や，複雑な地下微生物群集の構成種の同定に応用

することができる（Guschin et al.[25]）．これらの装置の重要な特質はその迅速性と正確性であろう．

9.3　地下における微生物活性

　地下水や堆積物をいかに採取するかといった制限要因はあるものの，われわれは地下の微生物活性や微生物過程についての多くの知見を得ている．帯水層の地球化学的変化や，帯水層の流程に沿った安定炭素同位体フラックスのモニタリングについて，これまで多くの取組みがなされてきた（Harvey et al.[15]，Grossman[26]）．極めて高感度のガスクロマトグラフ計や同位体比質量分析計のような装置の開発によって，帯水層中の微生物活性に関する将来の同位体的研究は，堆積物や地下水中の特定の有機化合物に対するナノグラムレベルでの分析とリンクしたものとなろう（Grossman[26]）．炭素同位体は地下生態系における炭素の流れを追跡するために用いることができることから，こうした技術は帯水層中での化学独立栄養やメタン生成などの過程を研究する手だてをわれわれに与えてくれる．同様に，帯水層中での最終電子受容反応（terminal electron accepting reactions）を確認するための方法の発達によって，微生物食物連鎖や帯水層地球化学へのそれらの影響の確認が可能となる．これらの方法は，帯水層中の微生物群集がいかに機能しているのかを全体像としてわれわれに知らしめてくれるが，遺伝子レベルで微生物活性を研究する方法はまだまだ発展が必要である．特定の微生物遺伝子の存在についての遺伝子レベルでの研究は，mRNA転写物を抽出・精製するための現在利用可能な方法がまだ限られたものでしかないことを示した（Sanseverino et al.[27]，Widmer and Pillai[28]）．さらに重要なのは，撹乱されていない試料中の微生物活性を現場で研究する方法がいまだにないということである．

9.4　地下水中の病原微生物

　帯水層の病原微生物汚染は，世界中の数多くの国が直面している大きな問題の一つである．病原微生物は帯水層内を移動することが知られており，帯水層のあ

る1か所での汚染は広範囲の汚染につながる．いくつかの研究が，帯水層における病原微生物の移動の範囲と生残の可能性は，帯水層の水理学，化学および微生物学的過程の総合的結果であることを示している．病原微生物は高度に多孔質の基質中を移動することが知られている．地下における微生物の移動に関する情報は，数々の研究室内でのカラム実験や野外実験による研究成果から引き出されたものである．バクテリオファージ，細菌および蛍光微粒子などさまざまなトレーサーを用いた研究は，微生物の移動に影響するいくつかの要因を明らかにした．地下における微生物の移動をコントロールしている多くの要因についてはまだ部分的にしか理解されていないが，より高感度な検出技術の開発，進んだ試料採取法ならびに微生物群集と帯水層堆積物との間の空間的関係のさらなる理解によって，この問題に関する理解が進展するものと期待される．同様に，微生物の生残や移動を予測するための数理モデルの開発や光ファイバー顕微鏡システムが利用可能になることで，将来的には，地下における病原微生物の移動を予測する能力が高まるだろう．数理モデルの開発と厳密な評価を組み合せた室内および野外での小規模な研究の進展によって，微生物の移動に関する理解が継続的に進歩するものと期待される．

文献

1) Giovannoni SJ, Britschgi TB, Moyer Cl et al. Genetic diversity in Sargasso Sea bacterioplankton. Nature 1990; 345:60-63.
2) Devereux R, Kane MD, Winfrey J et al. Genus and group specific hybridization probes for determinative and environmental studies of sulfate reducing bacteria. Syst Appl Microbiol 1992; 15:601-609.
3) Wawer C, Muyzer G. Genetic diversity of *Desulfovibrio* spp. in environmental samples analyzed by denaturing gradient gel electrophoresis of (NiFe) hydrogenase gene fragments. Appl Environ Microbiol 1995; 61:2203-2210.
4) Voordouw G, Shen Y, Harrington CS et al. Quantitative reverse sample genome probing of microbial communities and its application to oil field production waters. Appl Environ Microbiol 1993; 59:4101-4114.
5) Torsvik V, Salte K, Sorheim R et al. Comparison of phenotypic diversity and DNA heterogeneity in a population of soil bacteria. Appl Environ Microbiol 1990; 56:776-781.

6) Herrick JB Madsen El, Batt CA et al. Polymerase chain reaction amplification of napthalene catabolic and 16S rRNA gene sequences from indigenous sediment bacteria. Appl Environ Microbiol 1993; 59:687-694.
7) Steffan RJ, Atlas RM. DNA amplification to enhance detection of genetically engineered bacteria in environmental samples. Appl Environ Microbiol 1988; 60:1014-1017.
8) Pillai SD, Josephson KL, Bailey RL et al. Rapid method for processing soil samples for polymerase chain reaction amplification of specific gene sequences. Appl Environ Microbiol 1991; 57:2283-2286.
9) Amann RI, Lin C, Key R et al. Diversity among *Fibrobacter* isolates: towards a phylogenetic classification. Syst Appl Microbiol 1992; 15:23-31.
10) Amann RI, Ludwig W, Schleifer K-H. Phylogenetic identification and in situ detection of individual cells without cultivation. Microbiol Rev 1995; 143-169.
11) Anguish LJ, Ghiorse WC. Computer assisted laser scanning and video microscopy for analysis of *Cryptospordium parvum* oocysts in soil, sediment and feces. Appl Environ Microbiol 1997;63: 724-733.
12) Sarbu SM, Kane TC, Kinkle BK. A chemoautotrophically based cave ecosystem. Science 1996; 1953-1956.
13) Borneman J, Skroch PW, O'Sullivan K et al. Molecular microbial diversity of an agricultural soil in Wisconsin. Appl Environ Microbiol 1996; 62:1935-1943.
14) Ghiorse WC. Subterranean life. Science 1997; 275:789-790.
15) Harvey RW, Sulfita JM, McInerney MJ. Overview of issues in subsurface and landfill microbiology. In: Hurst CJ et al, eds. Manual of Environmental Microbiology. Washington, DC, American Society for Microbiology, 1996:523-525.
16) Fredrickson JF, Phelps TJ. Subsurface drilling and sampling. In: Hurst CJ et al, eds. Manual of Environmental Microbiology. Washington DC: American Society for Microbiology, 1996: 526-540.
17) Kuwabara JS, Harvey RW. Application of a hollow fiber, tangential-flow device for sampling suspended bacteria and particles from natural waters. J Environ Qual 1990; 19:625-629.
18) Abbaszadegan M, Huber MS, Gerba CP et al. Detection of enteroviruses in groundwater with polymerase chain reaction. Appl Env Microbiol 1993; 59:1318-1324.
19) Josephson KL, Pillai SD, Way J et al. Fecal coliforms in soil detected by polymerase chain reaction and DNA-DNA hybridizations. Soil Sci Am Journal 1991; 55:1326-1332.

20) Rochelle PA Ferguson DM, Handojo TJ et al. An assay combining cell culture with reverse transcriptase PCR to detect and determine the infectivity of waterborne *Cryptosporidium parvum*. Appl Environ Microbiol 1997; 63:2029-2037.
21) Abbaszadegan M, Huber MS, Gerba CP et al. Detection of viable *Giardia* cysts by amplification of heat shock-induced mRNA. Appl Environ Microbiol 1997; 63:324-328.
22) Silcock DJ, Waterhouse RN, Glover LA et al. Detection of a single genetically modified bacterial cell by using charge coupled device-enhanced microbiology. Appl Environ Microbiol 1992; 58:2444-2448.
23) Burlage RS. Emerging technologies: bioreporters, biosensors and microprobes. In: Hurst CJ et al, eds. Manual of Environmental Microbiology. Washington, DC: American Society for Microbiology, 1996: 115-123.
24) Revsbech NP, Jorgensen BB. Microelectrodes:their use in microbial ecology. Adv Microb Ecol 1986; 9:293-352.
25) Guschin DY, Mobarry BK, Proudnikov D et al. Oligonucleotide microchips as genosensors for determinative and environmental studies in microbiology. Appl Environ Microbiol 1997: 63:2397-2402.
26) Grossman EL. Stable carbon isotopes as indicators of microbial activity in aquifers. In: Hurst CJ et al, eds. Manual of Environmental Microbiology. Washington, DC: American Society for Microbiology, 1996: 565-576.
27) Fleming JT, Sanseverino J, Sayler GS. Quantitative relationship between napthalene catabolic gene frequency and expression in predicting PAH degradation in soils at a town gas manufacturing site. Environ Sci Technol 1993; 27:1068-1074.
28) Widmer KW, Pillai SD. Evaluation of protocols for reliable extraction of total RNA from soils. Abstr Ann Meeting Soil Sci Soc Am, Indianapolis, 1996.

索　引

あ
IFA 法 …………………………………71
亜セレン酸-F 液体培地 ……………52
圧力水頭 ……………………………4, 6
アデノウイルス……………………55, 114
アニール ………………………………83, 84
REP 配列 ………………………………81
RFLP 解析 …………………………87, 90, 91
RFLP フィンガープリンティング ……87
RT-PCR ……………………………61, 62, 63
RT-PCR 増幅法 ……………………67
安全飲料水規則 ………………………124

い, う
ERIC 配列 ……………………………82
ERIC-PCR ……………………………82
EHEC ………………………………40, 49, 50
鋳型 DNA ……………………………78, 79
一次抗体………………………………73
一次二連続体モデル …………………101
ETEC …………………………………40, 49
遺伝子プローブ………………………88, 90, 91
移動方程式……………………………96
移動モデル……………………………96
井戸ケーシング………………………31
井戸洗浄………………………………27
移流……………………………………96, 106, 120
陰性対照………………………………60, 72

ウイルスの指標………………………56
埋立てによる地下水汚染のウイルスリスク
　………………………………………124

運動性…………………………………105

え
A 型肝炎ウイルス ……55, 112, 113, 114, 116
HE 寒天培地 …………………………48, 53
AP-PCR ………………………………84
エコーウイルス………………………55
SIM 培地 ……………………………48, 53
ST-ヒト毒素 …………………………49
ST-ブタ毒素 …………………………49
XLD 寒天培地 ………………………53
FITC 標識モノクローナル抗体………72
F-特異 RNA バクテリオファージ ……56
MS-2 …………………………………67
MFC 液体培地 ………………………52
MF 法 ………………………………42
M-End 寒天培地 ……………………52
MPN 法 ………………………………40
MUG …………………………………45, 49
LIA 寒天培地 ………………………48, 53
エルシニア……………………………113
LT ……………………………………49
鉛直動水勾配…………………………5
エンテロウイルス……………………55, 56, 114
エントアメーバ………………………114

お
O 157……………………………………49, 50
オーガー工法 …………………………24
オーシスト ……………………………73, 74, 118
遅れ期間 ………………………………104

137

索引

オス特異バクテリオファージ……56
汚染プリューム……14,16
オリゴヌクレオチドプローブ……49

か

拡散……102,120
カルスト性石灰石……3,16,19
カルスト性帯水層……6
カルスト地域……8
感染リスク……123
観測井……24
カンピロバクター……51,116

き

機械的撹拌……120
逆転写……62,63
急性毒性化学物質……112
吸着……98,102,120,121
吸着速度……99
吸着速度定数……101
吸着等温式……99
凝集法によるウイルスの再濃縮……57

く

空隙率……2
汲み取り採水器……25,27,28,31
グラブ採水器……29
クリプトスポリジウム
……69,73,115,116,118,123
クロロフルオロカーボン……15

け

蛍光抗体……76
ケーシング……25

ゲノム DNA……78,79
下痢原性大腸菌……49
減速度……121
原虫のサンプリング……33,35

こ

抗酸菌……40
公衆衛生上の健康リスク
……112,117,122,124
高濃度非水性液体 DNAPLs……17
コクサッキー A 群ウイルス……55
コクサッキー B 群ウイルス
……55,114,116,123,124
Corapcioglu and Haridas の動力学モデル
……100
コレラ菌……50
コロイド……102
コロニーハイブリダイゼーション法……49

さ

サージブロック法……25
サージング……26
サーマルサイクラー……62,79,84,85
最確数法……41
細菌ゲノム……90
採水機材の消毒法……38
最大比増殖速度……103
細胞培養法……58
サルモネラ……47

し

ジアルジア
……69,73,112,114,115,116,118,123
ジーンプローブ……63
志賀様毒素……49,50

指数モデル	116
シスト	69,73,74,118
CTAB抽出緩衝液	93
指標細菌の定量試験	41
重篤度	113
重篤度指数	113
重篤度リスク	123
16 S rDNA	86,88,90
馴致期間	104

す

水系感染する病原細菌	39
水系流行	70
水蒸気含有率	7
水平動水勾配	5
水理学的分散係数	98
ストマッカーバッグ	70

せ, そ

制限酵素	85,87,89
棲止水	8
生物学的修復(バイオレメディエーション)	18,129
生物性固形廃棄物	124
生物的修復	18,131
赤痢アメーバ	113
赤痢菌	40,47,112,113,116
石灰質帯水層	2
走化性	105,106
走化速度	106

た

代謝ポテンシャル関数	104
帯水層	1,2,9,23,26,102,132

大腸菌	45
大腸菌群	42
大腸菌ファージ	56
耐熱性毒素	49
滞留水	27
脱着	98,102
脱着速度定数	101
ダルシーの法則	4,7
炭素同位体	132

ち

遅延ファクター	99,100
地下水からのウイルス濃縮に要する機材	37
地下水からの原虫濃縮に要する機材	38
地下水採取に要する機材	37
地中の微生物の生残	121
チフス菌	40,48,113
着座式ポンプ	30
宙水	7,8
腸管系ウイルス	33,55,114
腸管系ウイルスのサンプリング	34
腸管出血性大腸菌	40,49
腸管毒素原性大腸菌	40,49
直接寒天重層法	59
直接蛍光抗体法	72

て

DABCO-グリセロール溶液(封入剤)	72,73,76
TSI寒天培地	48,53
TSA寒天培地平板	66
TSSA軟寒天培地入り試験管	66
TSB液体培地入り試験管	66
DNA	79,81
TCBS寒天培地	53

索　引

と

透水係数 ……………………2,4,5,6,7,12,97
動水勾配………………………………4,5,6,97
動力学モデル ……………………………98,100
土壌構造 ……………………………………121
ドライブ工法………………………………24
トリチウム…………………………………15

に，ね，の

二重空隙モデル ……………………101,102
二場所モデル ………………………………101

撚糸フィルター……………………………33

ノーウォークウイルス……………………55
ノマルスキー装置…………………………73

は

パーコールショ糖浮遊液…………………76
バイオレメディエーション……18,129,131
バイオレポーター…………………………131
ハイブリダイゼーション…………………90
バイラードロップ法………………………27
バクテリオファージ ……………56,59,102
暴露評価 ……………………………………117
反復配列 PCR ……………………………81
半飽和定数 ………………………………103

ひ

被圧 ……………………………………………9
被圧帯水層 ……………………………10,15
PFU …………………………………………59
BGM 細胞 ………………………………56,58,59
ピエゾ水頭………………………4,10,12,97
ピエゾ水面 ……………………………………9

PCR ……………………………61,63,81,84,86
PCR-RFLP フィンガープリンティング
　………………………………………………85
ビスマス亜硫酸培地 ……………………48,53
微生物移動…………………………………16
微生物移動の平均速度 ……………………99
微生物増殖速度 …………………………103
微生物の減衰 ……………………………105
微生物リスクアセスメント ………111,112
比増殖速度 ………………………………103
非耐熱性毒素 ………………………………49
微分干渉装置………………………………73
病原体の直接のモニタリング …………117
氷帽……………………………………………10
表流水処理規則 …………………………117
比流量 …………………………………………4

ふ

不圧 ……………………………………………9
不圧帯水層……………………………10,13,15
不圧地下水…………………………………16
フィルターからのウイルス誘出…………57
フィンガープリント ……………77,78,84,91
不活化 ……………………………………121
物質移動係数 ……………………………102
不透水層 …………………………………9,10,26
不飽和帯 ……………………………6,7,8,10,14
プライマー………………………………81,83,84
プラスチック製の機材およびチューブ類の
　消毒法………………………………………38
ブラダーポンプ……………………………30
プラック形成単位（PFU）………………59
プリューム……………………………13,16,17
フロイントリッヒの吸着等温式……99,100
プローブ……………………………………50
プロテイナーゼ K 溶液 …………………93
分散…………………………………………97,120

140

索　引

分散係数 ·················· 98
分散性 ····················· 98
分子拡散係数 ············ 98
糞便性大腸菌群 ········ 44
糞便性腸球菌 ············ 46
糞便性連鎖球菌 ······ 45,46

へ，ほ
ヘアニーリング ········ 90
平衡モデル ············· 98
ベータ・ポアソン分布 ······ 116
β-グルクロニダーゼ ···· 45
鞭毛抗原(H) ············ 50

飽和帯 ················· 2,15
BOX 配列 ············· 82
ポリオウイルス ········ 55

ま，み
マッコンキー寒天培地 ····· 48,53
マッドロータリー工法 ····· 24

ミルウォーキー ········ 70

め，も
メチルウンベリフェロン ···· 45
免疫蛍光抗体法 ········ 71
メンブランフィルター法の手順 ···· 61
メンブランろ過法 ······ 42

Monod 式 ············· 103

ゆ，よ
誘引物質 ················ 106
有効空隙率 ············· 6
誘出液 ················ 67,76

溶菌斑 ·················· 59
陽性対照 ·············· 60,72
容積型ポンプ ·········· 30
用量－反応のモデル ···· 116
4-メチルウンベリフェリル-β-D-グルクロニド ······ 45

ら，り
ライシメーター ········ 8
落射蛍光顕微鏡 ······ 73
ランスフィールド D 群 ···· 46
ランダム運動係数 ···· 106

リスクアセスメント ···· 111,124
リスクの特性 ········ 123
リゾチーム入りの GTE 緩衝液 ···· 93
リボタイプ ············ 89
流線網 ················ 12,13

れ，ろ
レオウイルス ·········· 55

ロタウイルス ········ 55,114,116,123

141

索　引

Campyrobacter jejuni ⋯⋯⋯⋯⋯⋯40, 51
Citrobacter ⋯⋯⋯⋯⋯⋯⋯⋯⋯⋯⋯⋯42
Cryptosporidium ⋯⋯⋯⋯⋯⋯⋯⋯⋯35
Cryptosporidium parvum ⋯⋯⋯⋯⋯⋯72
Cyclospora ⋯⋯⋯⋯⋯⋯⋯⋯⋯⋯⋯⋯35

Enterobacter histolytica ⋯⋯⋯⋯⋯⋯113
Enterobacter ⋯⋯⋯⋯⋯⋯⋯⋯⋯⋯⋯42
Escherichia ⋯⋯⋯⋯⋯⋯⋯⋯⋯⋯⋯42
Escherichia coli ⋯⋯⋯⋯⋯⋯⋯45, 48, 105

Giardia ⋯⋯⋯⋯⋯⋯⋯⋯⋯⋯⋯⋯⋯35
Giardia lamblia ⋯⋯⋯⋯⋯⋯⋯⋯69, 72

Klebsiella ⋯⋯⋯⋯⋯⋯⋯⋯⋯⋯⋯⋯42

Legionella 属⋯⋯⋯⋯⋯⋯⋯⋯⋯⋯⋯40
Leptospira ⋯⋯⋯⋯⋯⋯⋯⋯⋯⋯⋯⋯40

Microspordium ⋯⋯⋯⋯⋯⋯⋯⋯⋯⋯35

Pseudomonas putida ⋯⋯⋯⋯⋯⋯⋯105

Salmonella ⋯⋯⋯⋯⋯⋯⋯⋯⋯⋯47, 48
Salmonella typhi ⋯⋯⋯⋯⋯⋯40, 48, 113
Salmonella typhimurium ⋯⋯⋯⋯⋯⋯105
Shigella ⋯⋯⋯⋯⋯⋯⋯⋯40, 47, 48, 112
Shigella boydii ⋯⋯⋯⋯⋯⋯⋯⋯⋯⋯40
Shigella dysentariae ⋯⋯⋯⋯⋯⋯⋯40
Shigella flexneri ⋯⋯⋯⋯⋯⋯⋯⋯⋯40
Shigella sonnei ⋯⋯⋯⋯⋯⋯⋯⋯⋯40

Vibrio 属 ⋯⋯⋯⋯⋯⋯⋯⋯⋯⋯⋯⋯40
Vibrio cholerae O 1⋯⋯⋯⋯⋯⋯⋯⋯40
Vibrio cholerae ⋯⋯⋯⋯⋯⋯⋯⋯48, 50

Yersinia ⋯⋯⋯⋯⋯⋯⋯⋯⋯⋯⋯⋯113

地下水の微生物汚染　　　　　　　定価はカバーに表示してあります

2000年5月20日　1版1刷　発行　　ISBN4-7655-3172-4 C3051

監訳者　金子　光美
発行者　長　　祥隆
発行所　技報堂出版株式会社
〒102-0075　東京都千代田区三番町8-7
（第25興和ビル）

日本書籍出版協会会員　　　　　　　電話　営業　(03) (5215) 3165
自然科学書協会会員　　　　　　　　　　編集　(03) (5215) 3161
工学書協会会員　　　　　　　　　　FAX　　　(03) (5215) 3233
土木・建築書協会会員　　　　　　　振替口座　　00140-4-10
Printed in Japan

©Mitsumi Kaneko, 2000　　装幀　海保透　印刷　三美印刷　製本　鈴木製本

落丁・乱丁はお取替えいたします

Ⓡ〈日本複写権センター委託出版物・特別扱い〉

本書の無断複写は，著作権法上での例外を除き，禁じられています。
本書は，日本複写権センターへの特別委託出版物です．本書を複写される場合は，その
つど日本複写権センター（03-3401-2382）を通して当社の許諾を得てください．

●小社刊行図書のご案内●

書名	著者・編者	判型・頁数
微生物学辞典	微生物学協会編	A5・1406頁
水環境の基礎科学	H.A.Laws著／神田穰太ほか訳	A5・722頁
水質衛生学	金子光美編著	A5・700頁
飲料水の微生物学	G.A.McFeters編／金子光美監訳	A5・500頁
水辺の環境調査	ダム水源地環境整備センター監修・編集	A5・500頁
水道の水源水質の保全 —安全でおいしい水を求める日本・欧米の制度と実践	小林康彦編著	A5・198頁
水道の水質調査法 —水源から給水栓まで	眞柄泰基監修	A5・364頁
安全な水道水の供給 —小規模水道の改善	浅野孝・眞柄泰基監訳	A5・242頁
浄水の技術 —安全な飲み水をつくるために	丹保憲仁・小笠原紘一著	A5・400頁
水処理 —その新しい展開	佐藤敦久編著	A5・240頁
生活排水処理システム	金子光美ほか編著	A5・340頁
急速濾過・生物濾過・膜濾過	藤田賢二編著	A5・310頁
地球環境時代の水道	水道と地球環境を考える研究会編	B6・192頁
名水を科学する	日本地下水学会編	A5・314頁
続名水を科学する	日本地下水学会編	A5・264頁
[日本の水環境4] 東海・北陸編	日本水環境学会編	A5・260頁
[日本の水環境5] 近畿編	日本水環境学会編	A5・294頁

技報堂出版　TEL編集03(5215)3161 営業03(5215)3165　FAX03(5215)3233